大学への数学

解法の突破口 第3版

雲 幸一郎・森 茂樹 共著

東京出版

はじめに

「標準的な問題は解けるんですが，それより難しい問題はちょっと…．どうすれば標準レベル以上の問題が解けるようになりますか？　何かいい参考書・問題集はありませんか？」
といった質問を受けるたび，推薦できる本がなくて困っていたところ，我々が執筆をしている東京出版の受験雑誌『大学への数学』で，そのような受験生のための連載を企画することになりました．名付けて，

「解法の突破口」

　教科書的な単元・分類にしたがって学習するだけでは，真の実力をつけることはなかなかできません．そのことは，この本を手に取られた受験生の皆さんが一番よくご承知のはずです．

　「解法の突破口」では，分野の枠を越えて，数学の実力向上に欠かせない9つのテーマを選び，講義篇・演習篇の2本立てで，そのテーマを徹底的に講義すること，演習してもらうことを目的として執筆しました．講義篇で，そのテーマでマスターすべき数学的な考え方・手法を実際の問題に即してきめ細かく解説し，演習篇で，入試問題を解くことにより，それを定着させ，血となり肉となることを図りました．

　受験生のニーズに合致したためか，幸いなことに連載は好評で，ここに，単行本化する運びとなりました．連載時のものに加筆・修正を施し，テーマの配列順を変更し，また，講義篇と演習篇の連絡を密にするなど，更に読みやすく，実力をつけやすくなるように改良しました．文系・理系を問わず，標準的な問題しか解けない段階からワンランク上の実力をつけたい受験生の皆さんに贈ります．

　実力向上は一朝一夕にしてなるものではありませんが，この本を終えたとき，あなたの実力は，この本を読み始めたときよりもずっと向上していることと思います．各自の手と頭を使って，うんうん考えながら一歩一歩進んでください．

　最後になりましたが，雑誌連載時から単行本化に至るまで，筆の遅い我々を励まし，校正その他でいろいろとお骨折りいただいた，東京出版編集部の横戸宏紀氏に感謝の意を表します．

2003年7月　　　　　　　　　　　　　　　　　　　雲　幸一郎・森　茂樹

改訂にあたって

　今回の改訂では，現行課程に即した問題への差しかえ，並びに，解答・解説の書き換えを行いました．今後とも，本書が受験生の皆さんの実力向上に繋がることを願っています．

　　2006年7月　　　　　　　　　　　　　　雲　幸一郎・森　茂樹

第3版にあたって

　第3版の改訂では，現行課程に即した問題への差しかえだけでなく，近年の問題への一部差しかえも行い，解答・解説を書き換えました．初版の出版から12年が経ちました．引き続き，本書が受験生の皆さんの実力向上に役立つことを願っています．

　　2015年6月　　　　　　　　　　　　　　雲　幸一郎・森　茂樹

本書の利用法

　本書は，講義篇と演習篇（問題篇・解答篇）の2つのパートからなり，それぞれ9つの章があります．

　講義篇をうけて，問題篇でそのテーマ（タイトル）に関連した演習問題を取り上げています．解答篇は問題篇にある演習問題の解答です．

　各章には，講義篇には例題が5, 6題（計47題），問題篇には演習問題が9, 10題（計85題）掲げてあります．過去30年間の大学入試問題の中から，9つのテーマを血肉化する（＝数学の真の実力をつける）のに最適な問題が精選してあります．

　問題篇の演習問題については，

　　　　問題の難易度と目標解答時間は，解答篇のはじめのページに
　　　　問題毎の講義篇での参照例題は，解答篇のおわりのページに

それぞれ一覧にしてあります．

　　　　　　　　＊　　　　　　　　＊　　　　　　　　＊

　本書はいろいろな利用法が考えられますが，以下を参考にして，自分に合った使い方をして下さい．

▶一般の受験生向け

　1章から順にやっていきましょう．

　まず，講義篇に取り組んでみて下さい．そのとき，各例題を，その章のテーマを念頭に置きながら，考えることが重要です（ただ漫然と読むのと，たとえ解けなくても考えてから読むのとでは，得られるものが全く違います）．そして，その章のテーマを常に意識しながら，解説を読んで下さい．

　講義篇が消化できたと思ったら，問題篇に挑戦してみて下さい．最初のうちは，難易度 A, B の問題（次頁参照）を主体に取り組んで，テーマを頭に馴染ませましょう．そして，徐々に難易度 C, D の問題にも取り組んでみましょう．全く手が出ない問題があったとしても，解答をすぐに見るのではなく，上記"参照例題"をもとに講義篇を復習してから，もう一度解いてみることが大切です．それでも解けない問題は，解答を読んでしまいましょう．ただし，このとき，講義篇で解説されている考え方・手法がどのように活かされているかに注意して読み，それらの考え方・手法を少しでも自分のものにすることを心がけましょう．そして，後日，必ず，自分の力で解けることを目標に，再度挑戦してみて下さい．

▶数学に自信のある受験生向け

　自分の気になるテーマ（章）の演習篇からやってみましょう．

　難易度・目標解答時間は見ずに，1番から順に取り組んでいきましょう．ただし，答えが合っているからといって，すぐに次の問題にいってはいけません．答えが合っていたとしても，必ず本書の解答をしっかりと読み，皆さんの解答と本書の解答を比較検討してみて下さい．ここで，比べてほしいのは，解法の優劣・解答の長短だけではありません．各章のテーマを意識したうえで，どのように着眼し，どのように展開しているかということや，解答で用いた考え方・手法の一般性・応用性についても比較検討することが重要なのです．そして，皆さんの解答に足りないところがあると感じたら，"参照例題"をもとに講義篇も読んでそれを補って下さい．後日，演習篇に戻って解いてみれば，よりよい解答が書けるようになっているはずです．

本書で用いられる記号

- （講義篇・問題篇）問題の出典大学名の後に♯印がついている問題は，数学Ⅲの問題です．
- （解答篇）問題の難易は，入試問題を10段階に分けたとして，
  　　A（基本）…5以下　　B（標準）…6, 7
  　　C（発展）…8, 9　　D（難問）…10

  です．また，目標解答時間は，＊1つにつき10分です．
- （解答篇）解答の巧妙さを表すために，次の記号を用いています．
  　　☆：巧妙だが，無理のない，あるいは，ぜひ身につけて欲しい解法．
  　　★：相当に巧妙で，思い付かなくても心配のいらない解法．
- （解答篇）注意事項を表すために，次の記号を用いています．
  　　⇨注：初心者のための注意事項．
  　　⇨注：すべての人のための注意事項．
  　　➡注：意欲的な人向けの注意事項．

目次

はじめに ……………………………………………………… 3
本書の利用法 ………………………………………………… 6

講 義 篇（雲　幸一郎）………………………………… 9

演 習 篇（森　茂樹）

　　　　{ 問題篇 …………………………………… 105
　　　　{ 解答篇 …………………………………… 129

	講義篇	問題篇	解答篇
第1章　実験する	10	106	130
第2章　論理を使う	22	108	140
第3章　活かす	32	110	150
第4章　設定する	42	112	160
第5章　自然流，逆手流	52	114	168
第6章　評価する	64	117	180
第7章　視覚化する	74	120	190
第8章　見方を変える	84	122	198
第9章　何に着目するか	94	125	206

図版：講義篇　景山伴子，演習篇　森　茂樹

講義篇／第1章

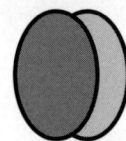
実験する

　この章は，"実験"がテーマです．未知の問題に出会ったときには，頭の中でいろいろ考えるだけでなく，"手を動かす"ことが大切です．そうすれば，解法のきっかけ，問題の本質が見えてくることでしょう．

　まず，次の問題をやってみて下さい．

> **例題 1.** どのような負でない2つの整数 m と n をもちいても
> $$x = 3m + 5n$$
> とは表すことができない正の整数 x をすべて求めよ． （00　阪大・理系）

　3と5は互いに素な整数ですから，m と n が整数（負でもよい）とすれば，すべての整数 x は

$$x = 3m + 5n \quad \cdots\cdots\cdots\cdots\cdots\cdots① $$

の形に表されることを知っている人も多いことでしょう（例えば，$m=2x$，$n=-x$ とすれば，①が成り立ちます）．ここでは，m と n が負でない整数ですから，①の形で表すことができない整数が存在します（例えば，$x=1$，2が①の形で表せないことは明らかですね）．

　それでは，実験です．

　①の m，n に負でない整数を代入して，現れる x の値を調べてみましょう．

n＼m	0	1	2	3	4	5	⋯
0	0	3	6	9	12	15	⋯
1	5	8	11	14	17	20	⋯
2	10	13	16	19	22	25	⋯
3	15	18	21	24	27	30	⋯
4	20	23	26	29	32	35	⋯
5	25	28	31	34	37	40	⋯
⋮	⋮	⋮	⋮	⋮	⋮	⋮	⋱

表を見ると，
$$1, 2, 4, 7 \text{ は現れず，8 以上の整数はすべて現れる} \cdots\cdots\cdots ②$$
と予想されます．

ここで重要なことは，この段階では②は予想にすぎず，まだ証明されたわけではないということです．例えば，33，36なども，表に書いた範囲には現れていませんから，現れるかどうか実は分かっていないのです！ 表を書いて調べられるのは有限の範囲だけですから，②を示すには，表から分かることをもとにして，論証しなければいけません．

表を上から順に見ていきましょう．

$n=0$ の行は，
$$x=3m : 0, 3, 6, 9, 12, 15, \cdots$$
で，0以上の3の倍数すべてが現れます．

$n=1$ の行は，
$$x=3m+5 : 5, 8, 11, 14, 17, 20, \cdots$$
で，5以上の3で割って2余る整数すべてが現れます．

$n=2$ の行は，
$$x=3m+10 : 10, 13, 16, 19, 22, 25, \cdots$$
で，10以上の3で割って1余る整数すべてが現れます．

$n=3$ の行は，
$$x=3m+15 : 15, 18, 21, 24, 27, 30, \cdots$$
で，$n=0$ の行にすでに現れています．

以下，同様で，$n=3k+r$（ただし，$r=0, 1, 2$）の行は，
$$x=3m+5(3k+r)$$
$$=3(m+5k)+5r$$
で，$n=r$ の行に現れています．

以上から，$n=0, 1, 2$ の3行を考えるだけでよいことになり，現れない正の整数は，

　　　3の倍数の中にはなく，
　　　3で割って1余る整数の中では1，4，7
　　　3で割って2余る整数の中では2

で，求める答えは，**1，2，4，7** となります．

このように，実際に手を動かしながら問題を解いていきましょう！

それでは，次の問題に移りましょう．

> **例題 2**. 自然数 $n=1, 2, 3, \cdots\cdots$ に対して，$(2-\sqrt{3})^n$ という形の数を考える．これらの数はいずれも，それぞれ適当な自然数 m が存在して $\sqrt{m}-\sqrt{m-1}$ という表示をもつことを示せ． （94 東工大（後））

どこから手をつければよいのか分からない人も多いでしょうが，少し実験してみると状況がつかめてきます．

$$(2-\sqrt{3})^1 = 2-\sqrt{3}$$
$$= \sqrt{4}-\sqrt{3}$$
$$(2-\sqrt{3})^2 = 7-4\sqrt{3}$$
$$= \sqrt{49}-\sqrt{48}$$
$$(2-\sqrt{3})^3 = 26-15\sqrt{3}$$
$$= \sqrt{676}-\sqrt{675}$$

ですから，

$$(2-\sqrt{3})^n = a_n - b_n\sqrt{3} \quad \cdots\cdots\cdots\cdots\cdots\cdots ①$$
$$(a_n, b_n \text{ は正の整数})$$

の形に表して，それを

$$(2-\sqrt{3})^n = \sqrt{a_n^2} - \sqrt{3b_n^2} \quad \cdots\cdots\cdots\cdots\cdots\cdots ②$$

と変形すればよさそうですね．

それでは，まず，①を満足する正の整数 a_n, b_n が存在することの証明から始めましょう．

$n=1, 2, 3$ のときは，上で見た通りです．

一般の場合は，二項定理を用いるか，帰納的に考える（n のときをもとにして $n+1$ のときを考える）ことになるでしょう．ここでは，帰納的に考えてみることにしましょう．

ある n に対して①が成り立つとすると，

$$(2-\sqrt{3})^{n+1} = (2-\sqrt{3})(2-\sqrt{3})^n$$
$$= (2-\sqrt{3})(a_n - b_n\sqrt{3})$$
$$= (2a_n + 3b_n) - (a_n + 2b_n)\sqrt{3}$$

となりますから，数列 $\{a_n\}, \{b_n\}$ を

$$\begin{cases} a_1=2,\ b_1=1 & \cdots\cdots\cdots\cdots\cdots\cdots ③\\ a_{n+1}=2a_n+3b_n,\ b_{n+1}=a_n+2b_n & \cdots ④ \end{cases}$$

によって定めれば，すべての正の整数 n に対して①が成り立つことになります．また，このとき，③，④の形から，すべての正の整数 n に対して，a_n, b_n は正の整数となります．

あとは，①を②と変形したときに，それが $\sqrt{m}-\sqrt{m-1}$ の形をしていること，すなわち，
$$a_n{}^2-3b_n{}^2=1 \cdots\cdots\cdots\cdots\cdots\cdots ⑤$$
を証明すればよいのです．既に，③，④が準備できていますから，数学的帰納法によって証明すればよいでしょう．

$n=1$ のとき，
$$\begin{aligned}a_1{}^2-3b_1{}^2&=2^2-3\cdot 1^2\\ &=1\end{aligned}$$
ですから，確かに成り立っています．

ある n に対して⑤が成り立つとすると，④より
$$\begin{aligned}a_{n+1}{}^2-3b_{n+1}{}^2&=(2a_n+3b_n)^2-3(a_n+2b_n)^2\\ &=a_n{}^2-3b_n{}^2\\ &=1\end{aligned}$$
となりますから，$n+1$ のときも成り立つことが分かります．

以上で，証明が完全に終了しました．

例題 3. 数列 $\{x_n\}$ が次のように定義されている．

$x_1=0$,

$x_n=\begin{cases} x_k+1 & (n=2k\ \text{のとき})\\ x_k+2 & (n=2k+1\ \text{のとき})\end{cases}$ ただし，$k=1,\ 2,\ 3,\ \cdots$.

$n=2,\ 3,\ 4,\ \cdots$ に対し，$x_n \leqq 2\log_2 n-1$ が成り立つことを示せ．

(98 大阪府大・工，改題)

変わった形の漸化式で，一般項は簡単に求まりそうにありません．

さあ，実験です．はじめの数項を求めてみましょう．

$$\left.\begin{aligned}&x_2=x_1+1=1, \ x_3=x_1+2=2,\\ &x_4=x_2+1=2, \ x_5=x_2+2=3,\\ &x_6=x_3+1=3, \ x_7=x_3+2=4,\\ &x_8=x_4+1=3, \ x_9=x_4+2=4,\\ &x_{10}=x_5+1=4, \ x_{11}=x_5+2=5,\\ &\phantom{x_{10}=x_5+1=4, \ x_{11}=x_5+2=5,}\end{aligned}\right\} \cdots\cdots\cdots\cdots ①$$

となり，一般項が予想できそうで予想できません．

しかし，いま要求されているのは，x_n の一般項ではないのです！ もう一度，問題文をよく読んでみましょう．この問題で要求されているのは，x_n の一般項ではなく，$n=2, \ 3, \ 4, \ \cdots$ に対して，

$$x_n \leqq 2\log_2 n-1 \ \cdots\cdots\cdots\cdots\cdots\cdots ②$$

が成り立つことの証明なのです！

それでは，頭を切りかえて，②の証明を考えましょう．x_n の一般項が求まっていませんから，漸化式だけが頼りです．漸化式は，x_n をそれより前の項から求める手続きですから，それを用いて②を証明するとなると，数学的帰納法がピンときますね（数学的帰納法も，漸化式と同様，n のときをそれより前のものと結びつける手法です）．

実は，ここからが問題です．数学的帰納法といっても，n のときの成立を仮定して $n+1$ のときの成立を示すという，普通の数学的帰納法ではうまくいかないのです．というのも，①を見れば分かる通り，x_{n+1} は x_n から決まるのではなく，もっと前の項から決まるからです．例えば，x_{10} は x_9 からではなく x_5 から決まっています．このような場合には，$n+1$ のときの成立を示すのに，その直前の n のときの成立を仮定するだけでは不十分ですから，（本当はそこまで仮定しなくてもよいのですが）いっそのこと，n 以前のときの成立をすべて仮定すればよいのです．すなわち，

$$\left.\begin{aligned}&2, \ 3, \ \cdots, \ n \text{ のときの成立を仮定}\\ &\text{して } n+1 \text{ のときの成立を示す}\end{aligned}\right\} \cdots\cdots\cdots ③$$

という形で数学的帰納法を使えばよいのです．

また，次のことにも気をつけなければいけません．

数学的帰納法の第1段階で，$n=2$ のときに②が成立することを直接確かめるのはもちろんのことですが，$n=3$ のときも②が成立することを直接確かめておかなければならないのです．というのも，①を見れば分かるように，x_3 は x_1 から決まるわけで，この部分の証明に③を用いることはできません．

x_4 以降の x_{n+1} について，③を用いて証明することになります．

以上をまとめると，まず，$n=2, 3$ について②を確かめた後，$n \geq 3$ において③の形の数学的帰納法により証明を完成させることになります．

それでは，やってみましょう．

$$\left.\begin{array}{l} n=2 \text{ のとき，} x_2 = x_1 + 1 = 1 = 2\log_2 2 - 1 \\ n=3 \text{ のとき，} x_3 = x_1 + 2 = 2 < 2\log_2 3 - 1 \end{array}\right\}$$

$$(\because\ 2^3 < 3^2 \text{ より，} 3 < 2\log_2 3)$$

ですから，確かに②が成り立っています．

$n \geq 3$ として，

$$m=2, 3, \cdots, n \text{ に対して，} x_m \leq 2\log_2 m - 1 \quad \cdots\cdots④$$
が成り立つ

とします．$n+1 \geq 4$ ですから，$n+1$ が偶数か奇数かに応じて $n+1 = 2m$ または $n+1 = 2m+1$ とおくと $2 \leq m \leq n$ となります．よって，④が使えて，

（ⅰ） $n+1 = 2m$ のとき

$$\begin{aligned} x_{n+1} &= x_m + 1 \\ &\leq 2\log_2 m - 1 + 1 \\ &= 2\log_2 m \end{aligned}$$

[目標は，$< 2\log_2(n+1) - 1$ です]

$$\begin{aligned} &= 2\log_2 \frac{n+1}{2} \\ &= 2\{\log_2(n+1) - 1\} \\ &= 2\log_2(n+1) - 2 \\ &< 2\log_2(n+1) - 1 \end{aligned}$$

（ⅱ） $n+1 = 2m+1$ のとき

$$\begin{aligned} x_{n+1} &= x_m + 2 \\ &\leq 2\log_2 m - 1 + 2 \\ &= 2\log_2 \frac{n}{2} + 1 \\ &= 2(\log_2 n - 1) + 1 \\ &= 2\log_2 n - 1 \\ &< 2\log_2(n+1) - 1 \end{aligned}$$

となり，$n+1$ のときも成り立つことが分かります．

これで証明が完成しました．

> **例題 4.** $0<a<b$ とし，m, n を自然数とする．
> $$f(m)=\log\frac{a^m+b^m}{2}, \quad g(m)=\frac{\log(a^m)+\log(b^m)}{2}$$
> とする．このとき，$f(m+n)$, $f(m)+f(n)$, $g(m+n)$, $g(m)+g(n)$ を大きさの順に並べよ．ただし，対数は常用対数とする．
> （98 東北大・文系）

$$f(m+n)=\log\frac{a^{m+n}+b^{m+n}}{2}$$

$$f(m)+f(n)=\log\frac{a^m+b^m}{2}+\log\frac{a^n+b^n}{2}$$

$$g(m+n)=\frac{\log a^{m+n}+\log b^{m+n}}{2}$$

$$g(m)+g(n)=\frac{\log a^m+\log b^m}{2}+\frac{\log a^n+\log b^n}{2}$$

を眺めていても，大きさの順は分かりません．

さあ，実験です．a, b, m, n に簡単な数値を代入してみましょう．

例えば，$a=1$, $b=2$, $m=1$, $n=1$ とすると，

$$f(m+n)=\log\frac{1^2+2^2}{2}$$
$$=\log\frac{5}{2}$$

$$f(m)+f(n)=\log\frac{1^1+2^1}{2}+\log\frac{1^1+2^1}{2}=2\log\frac{3}{2}=\log\left(\frac{3}{2}\right)^2$$
$$=\log\frac{9}{4}$$

$$g(m+n)=\frac{\log 1^2+\log 2^2}{2}$$
$$=\log 2$$

$$g(m)+g(n)=\frac{\log 1^1+\log 2^1}{2}+\frac{\log 1^1+\log 2^1}{2}$$
$$=\log 2$$

ですから，

$$f(m+n)>f(m)+f(n)>g(m+n)=g(m)+g(n) \quad \cdots\cdots ①$$

と予想されます.

あとは，①を証明すればよいのですが，その方針は立ちますか？　上の例をよく観察しましょう．$f(m)+f(n)$ などを $\log(\cdots)$ の形に変形して，真数の大きさの順に並べればよいのです．

それではやってみましょう．

$$f(m)+f(n)=\log\frac{(a^m+b^m)(a^n+b^n)}{4}$$

$$g(m+n)=\frac{\log(a^{m+n}b^{m+n})}{2}=\log\sqrt{a^{m+n}b^{m+n}}$$

$$g(m)+g(n)=\frac{\log(a^m b^m)}{2}+\frac{\log(a^n b^n)}{2}=\log\sqrt{a^{m+n}b^{m+n}}$$

のように対数の計算をしてから，真数の大小を比べていきます.

まず，

$$\frac{a^{m+n}+b^{m+n}}{2}-\frac{(a^m+b^m)(a^n+b^n)}{4}$$

$$=\frac{a^{m+n}+b^{m+n}-a^m b^n-a^n b^m}{4}$$

$$=\frac{(a^m-b^m)(a^n-b^n)}{4}$$

$$>0 \quad (\because\ 0<a<b\ \text{より},\ a^m<b^m,\ a^n<b^n)$$

より，

$$f(m+n)>f(m)+f(n)$$

が成り立ちます.

次に，

$$\frac{(a^m+b^m)(a^n+b^n)}{4}>\sqrt{a^{m+n}b^{m+n}}$$

を示すには，両辺の差が

$$\frac{(\sqrt{a^{m+n}}-\sqrt{b^{m+n}})^2+(\sqrt{a^m b^n}-\sqrt{a^n b^m})^2}{4}$$

と変形されることを用いる方法もありますが，相加平均・相乗平均の不等式を利用して，

$$\frac{a^m+b^m}{2}\geqq\sqrt{a^m b^m},\ \frac{a^n+b^n}{2}\geqq\sqrt{a^n b^n}$$

とした後，$a<b$ より，上の2つの不等式の等号はいずれも成立しないこと

に注意して，
$$\frac{a^m+b^m}{2}\cdot\frac{a^n+b^n}{2}>\sqrt{a^mb^m}\cdot\sqrt{a^nb^n}$$
$$\therefore\quad\frac{(a^m+b^m)(a^n+b^n)}{4}>\sqrt{a^{m+n}b^{m+n}}$$
とすると簡明です．これで
$$f(m)+f(n)>g(m+n)=g(m)+g(n)$$
が証明されました（上の解答は，結局
$$f(m)=\log\frac{a^m+b^m}{2},\quad g(m)=\log\sqrt{a^mb^m}$$
に対して，$f(m)>g(m)$，$f(n)>g(n)$ を利用したことになります）．

これで，①が証明されました．

最後に，次の問題をやることにしましょう．

例題 5． n は自然数とし，2^n は 100 桁の数で，2^{n-1} は 99 桁の数である．
（1） n を求めよ．
（2） 2^n の一の位の数字を求めよ．
（3） 2^n の十の位の数字を求めよ．
ただし，$\log_{10}2=0.3010$ としてよい． （05　千葉大・理（数，情））

（1） 例えば，自然数 N が 3 桁であることは，
$$100\leqq N<1000$$
すなわち，
$$10^2\leqq N<10^3$$
と表されます．同様に考えると，
$$\begin{cases}2^n \text{ が } 100 \text{ 桁} \iff 10^{99}\leqq 2^n<10^{100} & \cdots\cdots\cdots\cdots\text{①}\\ 2^{n-1} \text{ が } 99 \text{ 桁} \iff 10^{98}\leqq 2^{n-1}<10^{99} & \cdots\cdots\cdots\cdots\text{②}\end{cases}$$
となります．

このあとは，①，②の各辺の常用対数をとることにより n を求めてもよいのですが，②の各辺を 2 倍して
$$2\cdot 10^{98}\leqq 2^n<2\cdot 10^{99}$$
として①と連立すると，

$$10^{99} \leqq 2^n < 2 \cdot 10^{99}$$

となりますから，この式の各辺の常用対数をとって n を求めると，計算量を減らすことができます．

$$99 \leqq n \log_{10} 2 < \log_{10} 2 + 99$$

より，

$$\frac{99}{\log_{10} 2} \leqq n < 1 + \frac{99}{\log_{10} 2}$$

であり，

$$\frac{99}{\log_{10} 2} = \frac{99}{0.3010} = 328.\cdots$$

ですから，求める n は，

$$n = 329$$

です．

（2），（3） 2^{329} の一の位，十の位の数字がすぐに求まるとは思えません．ここは，実験をするところです．

2^k（$k=1, 2, \cdots$）の値を順に求めてみると，

$$\left.\begin{array}{l} 2^1=2, \ 2^2=4, \ 2^3=8, \ 2^4=16, \\ 2^5=32, \ 2^6=64, \ 2^7=128, \ 2^8=256, \\ 2^9=512, \ \cdots\cdots \end{array}\right\} \cdots\cdots\cdots ③$$

となります．

ここまでくれば，

2^k の一の位の数字は，2，4，8，6 の繰り返し …………④

と予想できますね．それでは，このことはどのように証明すればよいのでしょうか？

③においては，2^9 まで，値をきちんと求めましたが，一の位の数字を求めるだけであれば，例えば，2^7 の一の位の数字が 8 であることから，

$$2^8 = 2^7 \times 2 = \cdots 8 \times 2$$

の一の位の数字が 6 であることが分かります．すなわち，2^k の一の位の数字を a_k とすると，

$$2^{k+1} = 2^k \cdot 2$$

の一の位の数字は $2a_k$ の一の位の数，つまり，

$$a_{k+1} = \text{「}2a_k \text{ の一の位の数字」} \cdots\cdots\cdots\cdots ⑤$$

となります！ そして，$a_1 = 2$ から順に求めると，

第1章 実験する

$$a_1=2, \ a_2=4, \ a_3=8, \ a_4=6,$$
$$a_5=2$$
となり，$a_5=a_1$ となります！ すると，⑤より，
$$a_6=\lceil 2a_5 \text{ の一の位の数字}\rfloor$$
$$=\lceil 2a_1 \text{ の一の位の数字}\rfloor$$
$$=a_2$$
となり，以下同様にして，
$$a_7=a_3, \ a_8=a_4, \ a_9=a_5, \ \cdots$$
となります．すなわち，a_{k+1} は a_k から決まるので，$a_5=a_1$ となった段階で，
$$a_1, \ a_2, \ a_3, \ a_4, \ a_5, \ \cdots, \ a_k, \ \cdots \text{ は}$$
$$a_1, \ a_2, \ a_3, \ a_4 \text{ の繰り返し}$$
と分かります．これで，④が示されました．
$$329=4\cdot 82+1$$
ですから，$a_{329}=a_1=2$，すなわち，
$$2^{329} \text{ の一の位の数字は } 2$$
です．これで，(2)は解決です．

(3)も同様です．2^k の下2桁の数字を b_k とおくと，⑤と同様にして，
$$b_{k+1}=\lceil 2b_k \text{ の下2桁の数字}\rfloor$$
です．やはり，b_1 から順に求めると，
$$b_1=02, \ b_2=04, \ b_3=08, \ b_4=16,$$
$$b_5=32, \ b_6=64, \ b_7=28, \ b_8=56,$$
$$b_9=12, \ b_{10}=24, \ b_{11}=48, \ b_{12}=96,$$
$$b_{13}=92, \ b_{14}=84, \ b_{15}=68, \ b_{16}=36,$$
$$b_{17}=72, \ b_{18}=44, \ b_{19}=88, \ b_{20}=76,$$
$$b_{21}=52, \ b_{22}=04$$
となり，$b_{22}=b_2$ となります！ これより，b_2 以降は，$b_2, \ b_3, \ \cdots, \ b_{21}$ の繰り返しであることが分かります．
$$329=20\cdot 16+9$$
ですから，$b_{329}=b_9=12$ となり，
$$2^{329} \text{ の十の位の数字は } 1$$
となります．

十の位の数字は10通りの可能性しかありませんから，

$$b_1, b_5, b_9, \cdots \text{ の中には必ず等しいものがある,}$$
$$b_2, b_6, b_{10}, \cdots \text{ の中には必ず等しいものがある,}$$
$$b_3, b_7, b_{11}, \cdots \text{ の中には必ず等しいものがある,}$$
$$b_4, b_8, b_{12}, \cdots \text{ の中には必ず等しいものがある}$$

ということに注意しましょう．すなわち，$b_1, b_2, b_3, \cdots$ は必ず途中から繰り返すのです！

講義篇／第2章

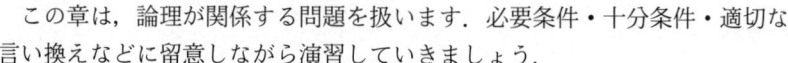

論理を使う

　この章は，論理が関係する問題を扱います．必要条件・十分条件・適切な言い換えなどに留意しながら演習していきましょう．

例題 1． 方程式
$$\sqrt{x^2-p}=x-\sqrt{1-x^2}$$
が実数解をもつための p の条件を求めよ．　　　　（97　東京理科大・理工）

　$\sqrt{}$ を含む方程式においては，両辺を2乗することによって $\sqrt{}$ をなくすことを考えますが，不用意に両辺を2乗してはいけません．一般に，
$$A=B \implies A^2=B^2$$
は成り立ちますが，逆は成り立ちません！　例えば，$A=2,\ B=-2$ のとき，$A^2=B^2$ ですが $A=B$ ではありませんね．$A,\ B$ がともに0以上またはともに0以下であれば，逆も成り立ちます．

　さて，$\sqrt{}$ を含む方程式については，次のことが基本的です（以下，実数のみを扱います）．
$$\sqrt{A}=B \iff A=B^2 \text{ かつ } B\geqq 0 \quad \cdots\cdots\cdots\text{①}$$
明らかに，
$$\sqrt{A}=B \iff A=B^2 \text{ かつ } A\geqq 0 \text{ かつ } B\geqq 0$$
ですが（$\sqrt{A}$ は2乗して A になる0以上の実数），$A=B^2$ があれば，B が実数である限り $A\geqq 0$ が成り立つので，$A\geqq 0$ は不要になり，①が成り立つことになります．$B\geqq 0$ は落とせません．

　本問では，与えられた方程式は
$$\begin{cases} x^2-p=1-2x\sqrt{1-x^2} & \cdots\cdots\cdots\text{②} \\ \text{かつ } x-\sqrt{1-x^2}\geqq 0 & \cdots\cdots\cdots\text{③} \end{cases}$$
と同値で，③は

$$x \geq \sqrt{1-x^2} \iff x \geq 0 \text{ かつ } x^2 \geq 1-x^2 \geq 0$$
$$\iff \frac{1}{\sqrt{2}} \leq x \leq 1 \quad \cdots\cdots\cdots\cdots\cdots ③'$$

と同値です．以下，③'のもとで考えます．

このあと，②の $\sqrt{}$ をなくそうとして，
$$2x\sqrt{1-x^2} = 1+p-x^2 \iff \begin{cases} 4x^2(1-x^2) = (1+p-x^2)^2 \\ \text{かつ } 1+p-x^2 \geq 0 \end{cases}$$

とすると，かなり面倒です．ここは，②において"文字定数 p を分離"するところです．すなわち，
$$x^2-1+2x\sqrt{1-x^2} = p \quad \cdots\cdots\cdots\cdots\cdots ②'$$

と変形して考えます．このあと，数学Ⅲ既習であれば，②'の左辺を $f(x)$ として，曲線 $y=f(x)$ と直線 $y=p$ が③'の範囲に共有点をもつ条件を考えて解決することもできますが（数学Ⅲ既習の人はやってみましょう），ここでは置き換えを利用して解いてみます．②'の $\sqrt{}$ の中身が $1-x^2$ であることに注意して，$x=\sin\theta$ または $x=\cos\theta$ とおくと $\sqrt{}$ が外れます．どちらでも同じですが，ここでは cos で置き換えてみます．③'も考慮して
$$x = \cos\theta \quad (0° \leq \theta \leq 45°)$$

とおくと，②'の左辺は
$$\cos^2\theta - 1 + 2\cos\theta\cdot\sin\theta = \frac{1}{2}(1+\cos 2\theta) - 1 + \sin 2\theta$$
$$= \frac{1}{2}\cos 2\theta + \sin 2\theta - \frac{1}{2}$$
$$= \frac{\sqrt{5}}{2}\cos(2\theta - \alpha) - \frac{1}{2} \quad \cdots\cdots\cdots ④$$

と変形されます．ただし，α は
$$\cos\alpha = \frac{1}{\sqrt{5}}, \quad \sin\alpha = \frac{2}{\sqrt{5}}$$

を満たす鋭角です．

これより，④のグラフを描くことができ，曲線 $y=④$ と直線 $y=p$ が $0°\leq\theta\leq 45°$ の範囲に共有点をもつ条件を考えて，求める答は，
$$0 \leq p \leq \frac{\sqrt{5}-1}{2}$$

となります．

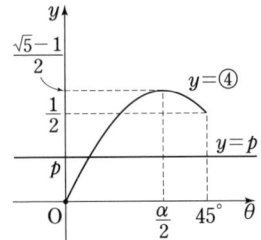

例題 2. $a^2x^2+b^2y^2\leq 1$ をみたす (x, y) がすべて $a(x-1)+b(y-1)\leq 0$ をみたすような (a, b) の範囲を求め，図示せよ． (97 東工大)

問題文の形から，
$$X=ax, \quad Y=by \quad \cdots\cdots\cdots\cdots\cdots\cdots\text{①}$$
とおくことはすぐにピンとくるでしょうが，このとき，
$$X^2+Y^2\leq 1 \quad \cdots\cdots\cdots\cdots\cdots\cdots\text{②}$$
を満たす実数 X, Y がすべて
$$X+Y\leq a+b \quad \cdots\cdots\cdots\cdots\cdots\cdots\text{③}$$
を満たすような実数 a, b の条件を求めればよいとすると，ものの見事に間違いです．どこが間違っているのか分からない人も多いでしょう．それでは話を変えて，x が実数全体を動くとき，
$$X=x^2 \quad \cdots\cdots\cdots\cdots\cdots\cdots\text{④}$$
と置き換えた場合はどうでしょう．これなら誰もが，
$$X\geq 0 \quad \cdots\cdots\cdots\cdots\cdots\cdots\text{⑤}$$
とすることを忘れないハズです．x と X の間に④の関係式があるとき，実数 x から実数 X を求めることは必ずできますが，逆に実数 X が与えられたときには実数 x を求めることはいつでもできるわけではありません．⑤は，④を満たす実数 x が存在するための実数 X の（必要十分）条件なのです．このようなことは，他にも，例えば実数 x, y に対して
$$\begin{cases} X=x+y \\ Y=xy \end{cases}$$
と置き換えた場合にも起こります．この場合，x, y は t についての2次方程式
$$t^2-Xt+Y=0$$
の2解ですから，判別式を考えて
$$X^2-4Y\geq 0$$
となります．

この問題の場合，①によって，(x, y) に対して (X, Y) を求めることは必ずできますが，逆に対応させようと思うと
$$x=\frac{X}{a}, \quad y=\frac{Y}{b} \quad \cdots\cdots\cdots\cdots\cdots\cdots\text{①}'$$

となりますから，a, b が 0 のときはマズイことになります．というわけで，a, b に 0 が含まれているときは②を満たす (X, Y) に対して①を満たす (x, y) が必ずしも存在しないことになり，(X, Y) が②全体を動くわけではないのです．

それでは，a, b に 0 が含まれていないときと含まれているときで場合分けして解いていきましょう．

（ⅰ） $a \ne 0, b \ne 0$ のとき

実数 X, Y に対して，①を満たす実数 x, y が①′のように求まりますから，(X, Y) が動く範囲は②全体です．②を満たす (X, Y) がすべて③を満たすかどうかは，もちろん，XY 平面上で②が③に含まれるかどうかで判定されます．

右図より，この場合の a, b の条件は
$$a+b \geqq \sqrt{2}$$
となります．

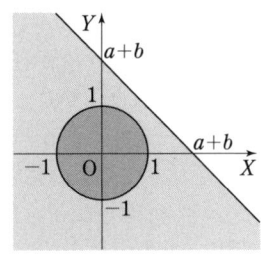

（ⅱ） $a \ne 0, b = 0$ のとき

このときは
$$Y = 0 \quad \cdots\cdots\cdots\cdots ⑥$$
であり，X は，②かつ⑥，すなわち，
$$-1 \leqq X \leqq 1$$
を満たす実数全体を動きます．

よって，求める条件は，$a \geqq 1$ となります．

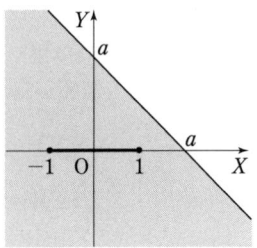

（ⅲ） $a = 0, b \ne 0$ のとき

（ⅱ）と同様にして，$b \geqq 1$ となります．

（ⅳ） $a = 0, b = 0$ のとき

このときは $(X, Y) = (0, 0)$ の 1 点のみで，これは③を満たします（$a = 0, b = 0$ のとき，③は $X + Y \leqq 0$ となります）．

以上から，点 (a, b) の存在範囲は，右図の網目部分（境界を含む）および太線部分および黒丸の点となります．

このように，変数を置き換えたときには，置き換えた後の変数の変域に十分注意を払わなければいけません．

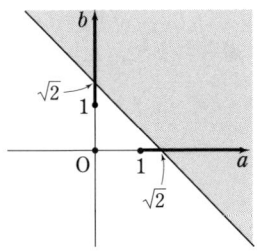

例題 3. x, y, z, w を正数とする．任意の正の整数 m, n に対して，
$$(x^{\frac{1}{m}}+y^{\frac{1}{m}})^n+(z^{\frac{1}{m}}+w^{\frac{1}{m}})^n=\{(x^{\frac{n}{m}}+z^{\frac{n}{m}})^{\frac{1}{n}}+(y^{\frac{n}{m}}+w^{\frac{n}{m}})^{\frac{1}{n}}\}^n$$
が成り立つための必要十分条件を求めよ． (90 東工大)

文字が多く，式の見掛けも汚ないので，ギョッとしますが，式をよく見てみると，m は見せかけにすぎないことが分かります．
$$X=x^{\frac{1}{m}},\ Y=y^{\frac{1}{m}},\ Z=z^{\frac{1}{m}},\ W=w^{\frac{1}{m}} \quad \cdots\cdots ①$$
とおくと，X, Y, Z, W は正数で，与えられた等式は
$$(X+Y)^n+(Z+W)^n=\{(X^n+Z^n)^{\frac{1}{n}}+(Y^n+W^n)^{\frac{1}{n}}\}^n \cdots\cdots ②$$
となりますから，②が任意の正の整数 n に対して成り立つための必要十分条件を求めればよいことになります．②の n の含まれ方からみて，必要十分条件が一発で求まるとは思えません．このようなときは，

  すべての正の整数 n に対して②が成り立つ
  $\Longrightarrow$ 適当な（いくつかの）正の整数 n に対して②が成り立つ

を用いて必要条件を求め，それが十分かどうかをチェックするのが常套手段です．

②の n に具体的な値を代入してみましょう．$n=1$ を代入すると当たり前の式になり何も情報が得られませんから，次に $n=2$ を代入してみると
$$(X+Y)^2+(Z+W)^2=\{(X^2+Z^2)^{\frac{1}{2}}+(Y^2+W^2)^{\frac{1}{2}}\}^2$$
$\therefore\quad XY+ZW=(X^2+Z^2)^{\frac{1}{2}}(Y^2+W^2)^{\frac{1}{2}}$
$\therefore\quad (XY+ZW)^2=(X^2+Z^2)(Y^2+W^2)$
$\therefore\quad X^2W^2+Y^2Z^2-2XYZW=0$
$\therefore\quad (XW-YZ)^2=0$
$\therefore\quad XW=YZ \quad \cdots\cdots\cdots\cdots\cdots\cdots\cdots\cdots\cdots\cdots\cdots\cdots ③$

が得られます．たった1つの情報ですから，これで十分という保証はありませんが，③より $W=\dfrac{YZ}{X}$ として②の両辺を計算してみると，両辺とも
$$\frac{(X+Y)^n(X^n+Z^n)}{X^n}$$
となり等しくなりますから（確かめましょう），③が必要十分条件になります．①を用いると

$$③ \iff x^{\frac{1}{m}}w^{\frac{1}{m}} = y^{\frac{1}{m}}z^{\frac{1}{m}}$$
$$\iff xw = yz$$

となり，これが求める答です．

> **例題 4.** $a>0$, $b>0$ とする．$ax^2+by^2=1$ をみたす負でない実数 x, y について，$\min\left\{\dfrac{x}{a}, \dfrac{y}{b}\right\}$ の最大値と，そのときの x および y を求めよ．ただし，実数 X, Y に対して $X \leq Y$ のとき $\min\{X, Y\} = X$, $X > Y$ のとき $\min\{X, Y\} = Y$ である． （00　熊本大・理系）

要するに，$\min\{X, Y\}$ は X, Y の最小値です．
2 変数 x, y の関数の最大値を求める問題ですから，xy 平面上で，

$$ax^2 + by^2 = 1, \ x \geq 0, \ y \geq 0 \quad \cdots\cdots ①$$

と

$$\min\left\{\dfrac{x}{a}, \dfrac{y}{b}\right\} = k \quad \cdots\cdots ②$$

が共有点をもつような k の最大値を考えるのが，常套手段の 1 つです（逆手流の一種です☞第 5 章）．この方針の場合，①のままでは楕円の一部になり数学 C の範囲になってしまいます（数学 C 既習の人は，以下の解説を参考にして解いてみましょう）．ここでは，変数を

$$X = \sqrt{a}\,x, \ Y = \sqrt{b}\,y \quad \cdots\cdots ③$$

と置き換えて，円に変換して解いてみます．このとき，例題 2 のときと同様の注意が必要です．$a>0$, $b>0$ より，③は x, y について解くことができるので，XY 平面上で，

$$X^2 + Y^2 = 1, \ X \geq 0, \ Y \geq 0 \quad \cdots\cdots ①'$$

と

$$\min\left\{\dfrac{X}{a\sqrt{a}}, \dfrac{Y}{b\sqrt{b}}\right\} = k \quad \cdots\cdots ②'$$

が共有点をもつような k の最大値を求めればよいことになります．①′を図示するのはよいとして，②′を図示するのが問題です．$\dfrac{X}{a\sqrt{a}}$, $\dfrac{Y}{b\sqrt{b}}$ の大小で場合分けしてもよいのですが，

$$\min\{p,\ q\}=m \quad\cdots\cdots\cdots\cdots\cdots\cdots\cdots\cdots\cdots\cdots\text{④}$$

を適切に言い換えることができると場合分けしなくてもすみます．最小値の意味を考えれば，

④ $\iff p\geqq m$ かつ $q\geqq m$ で，少なくとも一方の等号が成り立つ

ですから，②′は

$\dfrac{X}{a\sqrt{a}}\geqq k$ かつ $\dfrac{Y}{b\sqrt{b}}\geqq k$ で，少なくとも一方の等号が成り立つ

となり，右図のようになります．よって，①′と共有点をもつような k の最大値は，点 $(ka\sqrt{a},\ kb\sqrt{b})$ が①′上にあるときの k の値で，

$$(ka\sqrt{a})^2+(kb\sqrt{b})^2=1$$
$$\therefore\quad k=\dfrac{1}{\sqrt{a^3+b^3}}$$

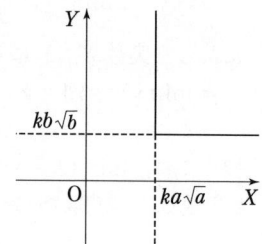

であり，これを与える X, Y は

$$(X,\ Y)=\left(\dfrac{a\sqrt{a}}{\sqrt{a^3+b^3}},\ \dfrac{b\sqrt{b}}{\sqrt{a^3+b^3}}\right)$$

ですから，③より，x, y は

$$x=\dfrac{a}{\sqrt{a^3+b^3}},\quad y=\dfrac{b}{\sqrt{a^3+b^3}}$$

となります．

ここで，④と似た形の言い換えをまとめておくことにしましょう．やはり，最小値の意味を考えれば，

$$\min\{p,\ q\}\geqq m \iff p\geqq m \text{ かつ } q\geqq m$$
$$\min\{p,\ q\}\leqq m \iff p\leqq m \text{ または } q\leqq m$$

であることが分かります．また，p, q の最大値を $\max\{p,\ q\}$ で表すと，最小値のときと同様にして，

$$\max\{p,\ q\}=M \iff \begin{cases} p\leqq M \text{ かつ } q\leqq M \text{ で，少なく} \\ \text{とも一方の等号が成り立つ} \end{cases}$$
$$\max\{p,\ q\}\leqq M \iff p\leqq M \text{ かつ } q\leqq M$$
$$\max\{p,\ q\}\geqq M \iff p\geqq M \text{ または } q\geqq M$$

が成り立つことが分かります．

例題 5.（1） $|x|\leqq 1$, $\left|ax+\dfrac{1}{5}\right|\geqq 1$ を満たす実数 x が存在するための実数 a に関する必要十分条件を求めよ.

（2） どんな実数 b に対しても $|x|\leqq 1$, $|ax+b|\geqq 1$ を満たす実数 x が存在するための実数 a に関する必要十分条件を求めよ.

（97 慶大・経, 改題）

（1） 素直に連立不等式の問題とみて, 2 つの不等式の解が共通部分をもつ条件を求めると面倒なことになります. 前問と同様, 適切な言い換えが有効です.

まず, 不等式 $|x|\leqq 1$ はすぐに解けて
$$-1\leqq x\leqq 1 \cdots\cdots\cdots\cdots\cdots\cdots\text{①}$$
となります. これをもう 1 つの不等式 $\left|ax+\dfrac{1}{5}\right|\geqq 1$ と対等にみないで, ① は x の変域を表すとみて,

①, $\left|ax+\dfrac{1}{5}\right|\geqq 1$ をともに満たす x が存在する

ということを,

①において, $\left|ax+\dfrac{1}{5}\right|\geqq 1$ を満たす x が存在する $\cdots\cdots\cdots$②

と言い換えます. 不等号の向きを考慮して, ②の意味を考えると, ②はさらに

①における $\left|ax+\dfrac{1}{5}\right|$ の最大値が 1 以上 $\cdots\cdots\cdots\cdots$③

と言い換えられます.

ここで, ②のタイプの命題の言い換えをまとめておきましょう.
変域 I において関数 $f(x)$ が最大値 M, 最小値 m をもつとして,

I において $f(x)\geqq k$ を満たす x が存在する $\iff M\geqq k$
I においてつねに $f(x)\geqq k$ が成り立つ $\iff m\geqq k$
I において $f(x)\leqq k$ を満たす x が存在する $\iff m\leqq k$
I においてつねに $f(x)\leqq k$ が成り立つ $\iff M\leqq k$

が成り立つことが, 意味を考えることにより分かります.
それでは, 問題の解説に戻りましょう.

関数 $f(x)=\left|ax+\dfrac{1}{5}\right|$ の①における最大値 M は，$f(x)$ のグラフを考えれば，

（ⅰ）$a \geqq 0$ のとき

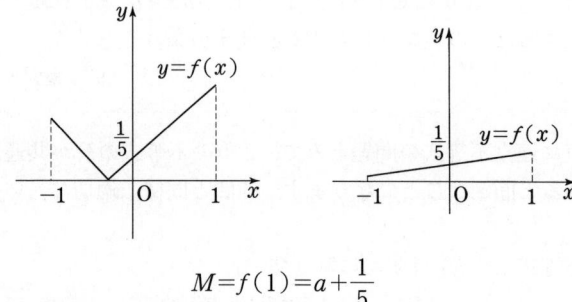

$$M=f(1)=a+\dfrac{1}{5}$$

（ⅱ）$a \leqq 0$ のとき

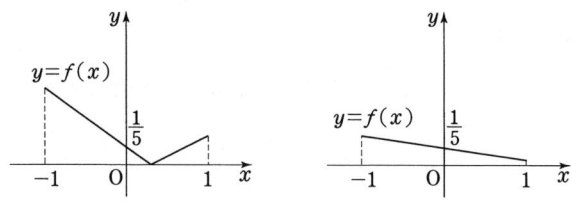

$$M=f(-1)=-a+\dfrac{1}{5}$$

と求めることができます（結果は，$M=|a|+\dfrac{1}{5}$ とまとめられます）．

また，絶対値の性質を用いて

$$\left|ax+\dfrac{1}{5}\right| \leqq |ax|+\dfrac{1}{5}=|a||x|+\dfrac{1}{5} \leqq |a|+\dfrac{1}{5}$$

$$\begin{pmatrix} 左側の不等式の等号は ax \geqq 0 のとき，右側 \\ の不等式の等号は |x|=1 のとき成り立つ \end{pmatrix}$$

として，$M=|a|+\dfrac{1}{5}$ と求めることもできます（もちろん，上で求めたものと一致します）．

よって，

$$③ \iff |a|+\frac{1}{5} \geq 1$$

$$\iff |a| \geq \frac{4}{5}$$

$$\iff a \leq -\frac{4}{5} \text{ または } a \geq \frac{4}{5}$$

で，これが求める答です．

（2）（1）の解説が分かれば，もう（2）は簡単ですね．

$|x| \leq 1$, $|ax+b| \geq 1$ をともに満たす x が存在する

$\iff$ ①における $|ax+b|$ の最大値が 1 以上

$\iff |a|+|b| \geq 1$ ……………………④

であり（①における $|ax+b|$ の最大値を求めるには，グラフを考える方法よりも，絶対値の性質を用いる方法が簡単です），どんな実数 b に対しても④が成り立つための a の条件を求めればよいことになります．このあとは，

すべての b に対して④が成り立つ

$\iff$ （b を変数とみたときの）$|a|+|b|$ の最小値が 1 以上

$\iff |a| \geq 1$

$\iff a \leq -1 \text{ または } a \geq 1$

と言い換えれば解決です．

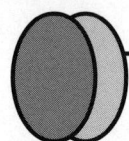

講義篇／第3章

活かす

　この章は，対称性や特殊性など，問題の特徴を活用すべき問題を扱います．問題を考えてから解説を読んで下さい．

　まずは，次の問題です．

例題 1. 点 O を中心とする半径 1 の円に内接する正五角形 ABCDE を考える．$\overrightarrow{OA}=\vec{a}$, $\overrightarrow{OB}=\vec{b}$ とする．このとき，次の問いに答えよ．ただし，$\cos 72°=\dfrac{\sqrt{5}-1}{4}$, $\sin 72°=\dfrac{\sqrt{10+2\sqrt{5}}}{4}$ を用いてもよい．

（1）ベクトル $\overrightarrow{OC}$, $\overrightarrow{OE}$ を $\vec{a}$, $\vec{b}$ を用いて表せ．

（2）対角線 AC と BE の交点を F とする．ベクトル $\overrightarrow{OF}$ を $\vec{a}$, $\vec{b}$ を用いて表せ．

（00　大阪府大・工）

　対称性を十分に活用すべき問題です．
（1）　点 C は直線 OB に関する点 A の対称点ですから，線分 AC の中点 H は A から OB に下ろした垂線の足です．
　$\overrightarrow{OH}$ は $\vec{a}$ の $\vec{b}$ 上への正射影ベクトルですから，$\vec{b}$ が単位ベクトルであることに注意すると，
$$\overrightarrow{OH}=(\vec{a}\cdot\vec{b})\vec{b}$$
となります．$\vec{a}$ と $\vec{b}$ のなす角は 72°ですから，
$$\vec{a}\cdot\vec{b}=|\vec{a}||\vec{b}|\cos 72°=\cos 72°$$

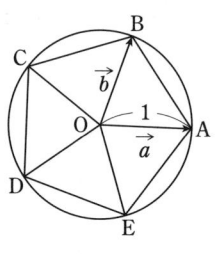

であり，$\dfrac{\overrightarrow{OA}+\overrightarrow{OC}}{2}=\overrightarrow{OH}$ より，
$$\overrightarrow{OC}=2\overrightarrow{OH}-\overrightarrow{OA}=(2\cos 72°)\vec{b}-\vec{a}$$
$$=\dfrac{\sqrt{5}-1}{2}\vec{b}-\vec{a} \quad\cdots\cdots①$$

と求まります．

次に，$\overrightarrow{\mathrm{OE}}$ ですが，点 E が直線 OA に関する点 B の対称点であることから，$\overrightarrow{\mathrm{OC}}$ と同様にして求まりますが，同様の計算を繰り返す必要はありません！　①の結果で $\vec{a}$ と $\vec{b}$ を入れ換えればよく，

$$\overrightarrow{\mathrm{OE}} = \frac{\sqrt{5}-1}{2}\vec{a} - \vec{b}$$

となります．

（2）　点 F は直線 AC 上にあるので

$$\begin{aligned}\overrightarrow{\mathrm{OF}} &= (1-t)\overrightarrow{\mathrm{OA}} + t\overrightarrow{\mathrm{OC}} \\ &= (1-t)\vec{a} + t\left(\frac{\sqrt{5}-1}{2}\vec{b} - \vec{a}\right) \\ &= (1-2t)\vec{a} + \frac{\sqrt{5}-1}{2}t\vec{b} \quad\cdots\cdots\cdots\cdots\text{②}\end{aligned}$$

とおくことができます．

このあと，普通であれば，点 F が直線 BE 上にあることから $\overrightarrow{\mathrm{OF}}$ を $\vec{a}$ と $\vec{b}$ を用いて表し，$\vec{a}$ と $\vec{b}$ が線型独立（1次独立）であることから②と係数を比較するところですが，この問題ではそのようにする必要がありません！　というのも，図形の対称性から，AC と BE の交点 F は ∠AOB の二等分線上にあり，②の $\vec{a}$ と $\vec{b}$ の係数は等しいからです．

$1-2t = \dfrac{\sqrt{5}-1}{2}t$ より $t = \dfrac{3-\sqrt{5}}{2}$ となりますから，$1-2t = \sqrt{5}-2$ であり，

$$\overrightarrow{\mathrm{OF}} = (\sqrt{5}-2)\vec{a} + (\sqrt{5}-2)\vec{b}$$

となります．

それでは，次の問題です．

例題 2. 正の数 a に対し，関数

$$y = x^2 - ax \quad \left(\frac{a}{6} \leq x \leq \frac{5a}{6}\right)$$

のグラフを C とする．長方形 T で，一辺が x 軸に含まれ，その対辺の両端が C 上にあるものをすべて考える．このとき，次の問いに答えよ．
（1）　長方形 T の周の長さの最大値を，a を用いて表せ．ただし，長方形の周の長さとは，4辺の長さの和のことをいう．
（2）　長方形 T の面積の最大値を，a を用いて表せ．　（98　北大・文系）

第3章　活かす

まず，図を描いてみると右図のようになります．直線 $x=\dfrac{a}{2}$ に関する対称性には，すぐに気付くでしょう．

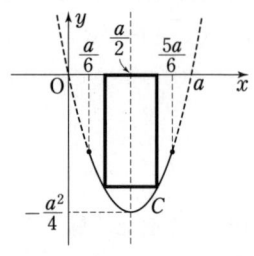

長方形 T の周の長さの最大値を求めるにしろ，面積の最大値を求めるにしろ，何か変数を設定して周の長さや面積をその変数で表すことが必要ですが，このときに対称性を活かすことを考えます．

右上の図において，長方形の縦の辺が，直線 $x=\dfrac{a}{2}\pm t \ \left(0<t\leqq\dfrac{a}{3}\right)$ 上にあるというようにして変数 t を設定するか，同じことですが，グラフを x 軸方向に $-\dfrac{a}{2}$ だけ平行移動して y 軸に関して対称であるようにしてから，右図のように変数 t を設定するところです．

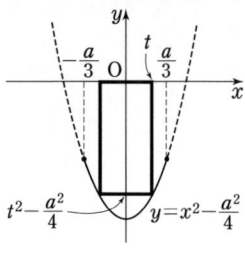

（1） 長方形の周の長さを $l(t)$ とすると，
$$l(t)=2\left[2t+\left\{-\left(t^2-\dfrac{a^2}{4}\right)\right\}\right]$$
$$=-2t^2+4t+\dfrac{a^2}{2}$$
$$=-2(t-1)^2+2+\dfrac{a^2}{2}$$

となります．

よって，$t=1$ が，t の変域 $0<t\leqq\dfrac{a}{3}$ 内にあるかどうかで場合分けして，求める最大値は，

（ⅰ） $0<a<3$ のとき，$l\left(\dfrac{a}{3}\right)=\dfrac{5}{18}a^2+\dfrac{4}{3}a$

（ⅱ） $a\geqq 3$ のとき，$l(1)=\dfrac{1}{2}a^2+2$

となります．

（**2**）　長方形の面積を $S(t)$ とすると，
$$S(t)=2t\cdot\left\{-\left(t^2-\frac{a^2}{4}\right)\right\}$$
$$=-2t^3+\frac{a^2}{2}t$$
となります．これは t の3次関数ですから，その最大値を求めるには微分法を利用することになります．

$$S'(t)=-6t^2+\frac{a^2}{2}$$

より $S(t)$ の増減は右のようになり，求める最大値は，

$$S\left(\frac{a}{2\sqrt{3}}\right)=\frac{\boldsymbol{a^3}}{\boldsymbol{6\sqrt{3}}}$$

t	(0)		$\frac{a}{2\sqrt{3}}$		$\frac{a}{3}$
$S'(t)$		$+$	0	$-$	
$S(t)$		↗		↘	

となります．

ちなみに，はじめの図で左側の辺が直線 $x=u$ 上にあるとすると，右側の辺は直線 $x=a-u$ 上にあることになります．

すると，長方形の周の長さは
$$2[\{(a-u)-u\}+\{-(u^2-au)\}]=-2u^2+2(a-2)u+2a$$
となり，また，長方形の面積は
$$\{(a-u)-u\}\cdot\{-(u^2-au)\}=2u^3-3au^2+a^2u$$
となりますが，これらの最大値を求める計算は，上で行った計算に比べて面倒です．

例題1，例題2のように，対称性のある問題では，対称性を十分に意識することが重要です．

それでは，次の問題はどうでしょうか．

例題 3．三つの角 α, β, γ（$-90°<\alpha, \beta, \gamma<90°$）が
$$\tan\alpha+\tan\beta+\tan\gamma=\tan\alpha\tan\beta\tan\gamma$$
をみたすとき，$\alpha+\beta+\gamma$ の値をすべて求めよ． （99　東北大・文系）

どこから手をつけてよいのか分かりにくい問題です．

与えられた等式が $\tan$ の式で，$\alpha+\beta+\gamma$ の値が求まるというのですから，とりあえず $\tan(\alpha+\beta+\gamma)$ を計算してみるところでしょう．$\tan(\alpha+\beta+\gamma)$

第3章 活かす　　35

は α, β, γ について対称ですが，一発で計算することはできませんから，$\alpha+\beta+\gamma$ を $(\alpha+\beta)+\gamma$ などのようにみて，加法定理を用いることになります．

$$\tan(\alpha+\beta+\gamma) = \frac{\tan(\alpha+\beta)+\tan\gamma}{1-\tan(\alpha+\beta)\tan\gamma} \quad \cdots\cdots\cdots\cdots ①$$

と 1 回対称性が崩れますが，これに

$$\tan(\alpha+\beta) = \frac{\tan\alpha+\tan\beta}{1-\tan\alpha\tan\beta} \quad \cdots\cdots\cdots\cdots ②$$

を代入して整理すると，

$$\tan(\alpha+\beta+\gamma) = \frac{\tan\alpha+\tan\beta+\tan\gamma-\tan\alpha\tan\beta\tan\gamma}{1-\tan\alpha\tan\beta-\tan\beta\tan\gamma-\tan\gamma\tan\alpha} \quad \cdots\cdots ③$$

となって，対称性が復活します．ここで与えられた等式をみると，③の値が 0 であることが分かりますから，

$$-270° < \alpha+\beta+\gamma < 270°$$

に注意すると，

$$\alpha+\beta+\gamma = 0°, \pm 180°$$

と求まります．これで，ほぼ OK ですが，実は不完全です！　というのも，①，②で tan の加法定理

$$\tan(\theta+\varphi) = \frac{\tan\theta+\tan\varphi}{1-\tan\theta\tan\varphi}$$

を用いていますが，これは，$\tan\theta$, $\tan\varphi$, $\tan(\theta+\varphi)$ がすべて定義されるとき，すなわち，$\theta, \varphi, \theta+\varphi$ がいずれも 90° の奇数倍でないときにしか成り立ちません．$-90° < \alpha, \beta, \gamma < 90°$ ですから，$\tan\alpha$, $\tan\beta$, $\tan\gamma$ については問題ありませんが，$\tan(\alpha+\beta+\gamma)$, $\tan(\alpha+\beta)$ は定義されない場合がありますから，$\alpha+\beta+\gamma=\pm 90°$, $\alpha+\beta=\pm 90°$ の場合は別に扱わなければいけません．実は，そのような場合は与えられた等式のもとでは起こらないのですが，もちろん証明を必要とします．余力のある人は試みて下さい．

　ここでは，方針を変えてみましょう．
　与えられた tan の式を，sin, cos の式に直しましょう．

$$\frac{\sin\alpha}{\cos\alpha} + \frac{\sin\beta}{\cos\beta} + \frac{\sin\gamma}{\cos\gamma} = \frac{\sin\alpha\sin\beta\sin\gamma}{\cos\alpha\cos\beta\cos\gamma}$$

$$\therefore \quad \sin\alpha\cos\beta\cos\gamma + \cos\alpha\sin\beta\cos\gamma + \cos\alpha\cos\beta\sin\gamma$$
$$= \sin\alpha\sin\beta\sin\gamma$$

となりますね．これは α, β, γ について対称ですが，対称的に変形するこ

とはできません．
$$(\sin\alpha\cos\beta+\cos\alpha\sin\beta)\cos\gamma$$
$$+(\cos\alpha\cos\beta-\sin\alpha\sin\beta)\sin\gamma=0$$
$$\therefore \quad \sin(\alpha+\beta)\cos\gamma+\cos(\alpha+\beta)\sin\gamma=0$$
$$\therefore \quad \sin(\alpha+\beta+\gamma)=0$$
と変形すれば，（当然ながら）最終的には対称的な形になります．よって，$-270°<\alpha+\beta+\gamma<270°$ とから，
$$\alpha+\beta+\gamma=0°,\ \pm180°$$
と求まります．

この問題は，与えられた対称的な形の式を，1回対称性を崩して変形しなければいけないものの，最終的には対称的な形になるのが面白いところです．

それでは，次の問題です．

例題 4. どんな正の数 x, y に対しても不等式 $(x+y)^4 \leqq c^3(x^4+y^4)$ が成り立つような c の範囲を求めよ． （97　お茶の水女大・理）

いろいろな方法が考えられる問題です．
不等式
$$(x+y)^4 \leqq c^3(x^4+y^4) \quad \cdots\cdots\cdots ①$$
の特徴は何でしょう？　x, y についての対称性も特徴の1つですが，それ以上に重要な特徴は，①の左辺，右辺がともに x, y についての4次斉次式だということです（斉次式というのは，$x^2+3xy+y^2$ のように，すべての項の次数が一致している多項式のことです）．このような場合には，変数の個数を x, y の2つから1つに減らすことができるのです！　例えば，①の両辺を $y^4(>0)$ で割って $\dfrac{x}{y}$ を t と置き換えると，
$$(t+1)^4 \leqq c^3(t^4+1) \quad \cdots\cdots\cdots ②$$
と，変数が t の1つだけになります．②がすべての正の実数 t に対して成り立つような c の範囲を求めればよいのです．
$$② \iff c^3(t^4+1)-(t+1)^4 \geqq 0 \quad \cdots\cdots\cdots ③$$
ですから，③の左辺を $f(t)$ とおいて，その増減を調べてみましょう．
$$f'(t)=4c^3t^3-4(t+1)^3$$

$$=4\{(ct)^3-(t+1)^3\}$$

ですから,

$$f'(t)\leqq 0 \iff ct\leqq t+1 \quad (\text{複号同順})$$

となります.

$c\leqq 1$ のとき, $t>0$ においてつねに $ct<t+1$, すなわち, $f'(t)<0$ です. よって, $t>0$ において $f(t)$ は減少し, $f(t)$ は多項式ですから, 十分大きな t に対して $f(t)<0$ となり, ③は成り立ちません.

$c>1$ のとき,

$$ct\leqq t+1 \iff t\leqq \frac{1}{c-1}$$

（複号同順）

t	(0)		$\frac{1}{c-1}$	
$f'(t)$		$-$	0	$+$
$f(t)$		↘		↗

ですから, $t>0$ における $f(t)$ の最小値は,

$$\begin{aligned}
f\left(\frac{1}{c-1}\right) &= c^3\left\{\left(\frac{1}{c-1}\right)^4+1\right\}-\left(\frac{1}{c-1}+1\right)^4 \\
&= c^3\cdot\frac{1+(c-1)^4}{(c-1)^4}-\left(\frac{c}{c-1}\right)^4 \\
&= \frac{c^3}{(c-1)^4}\{1+(c-1)^4-c\} \\
&= \frac{c^3}{(c-1)^4}\{(c-1)^4-(c-1)\} \\
&= \frac{c^3}{(c-1)^3}\{(c-1)^3-1\}
\end{aligned}$$

となります. よって, $t>0$ においてつねに③が成り立つ条件は,

$$c-1\geqq 1$$
$$\therefore \quad c\geqq 2$$

となります.

以上から, 求める c の範囲は, $c\geqq 2$ となります.

次のように考えれば, 計算の手間を減らすことができます.

$t>0$ においてつねに②が成り立つためには, 特に $t=1$ のときを考えて,

$$2^4\leqq 2c^3$$
$$\therefore \quad c\geqq 2 \quad \cdots\cdots\cdots\cdots\cdots\cdots ④$$

でなければいけません. ここで, $t=1$ とおいたことは, 元の変数 x, y でいえば $x=y$ とおいたことにあたります. ①は x, y について対称ですから,

まず $x=y$ のときを考えてみるのは自然でしょう.

さて，④は，$t=1$ のときを考えただけですから，$t>0$ においてつねに②が成り立つための必要条件にすぎませんが，十分条件になっていることが期待されます（①が x, y について対称で，$x=y$ のときを考えたのが④ですから）. ④のとき
$$c^3(t^4+1) \geq 8(t^4+1)$$
ですから，$t>0$ においてつねに
$$8(t^4+1) \geq (t+1)^4 \quad \cdots\cdots\cdots\cdots\cdots\cdots\cdots ⑤$$
であることが証明されれば，④が，$t>0$ においてつねに②が成り立つための十分条件であることになります. ⑤は，左辺と右辺の差を $g(t)$ とおいて，その増減を調べることによって容易に証明されます. $f(t)$ で $c=2$ としたものが $g(t)$ ですが，$g(t)$ は（c を含まない）具体的な関数ですから，増減を調べるのが $f(t)$ よりも簡単であることに注意しましょう.

また，この手の問題では，"文字定数を分離する" 手法も大切です.
$$② \iff \frac{(t+1)^4}{t^4+1} \leq c^3$$
ですから，c^3 が $t>0$ における $\dfrac{(t+1)^4}{t^4+1}$ の最大値以上となるような c の範囲を求めればよいことになります. 理系の人はやってみましょう.

また，次のように考えることもできます. 明らかに $c>0$ で，
$$② \iff \frac{1}{c^3} \leq \frac{t^4+1}{(t+1)^4} = \left(\frac{t}{t+1}\right)^4 + \left(\frac{1}{t+1}\right)^4$$
ですから，$u = \dfrac{t}{t+1}$ とおくと，
$$\frac{1}{c^3} \leq u^4 + (1-u)^4 \quad (0<u<1)$$
となり，今度は，$0<u<1$ における $u^4+(1-u)^4$ の最小値を考えればよいことになります. これは，①を
$$\frac{1}{c^3} \leq \left(\frac{x}{x+y}\right)^4 + \left(\frac{y}{x+y}\right)^4$$
と変形して，$u = \dfrac{x}{x+y}$ とおいたことにあたります.

最後に，次の問題をやってみましょう．

> **例題 5.** 実数 $x_1, \cdots, x_n$ ($n \geq 3$) が条件
> $$x_{k-1} - 2x_k + x_{k+1} > 0 \quad (2 \leq k \leq n-1)$$
> を満たすとし，$x_1, \cdots, x_n$ の最小値を m とする．このとき，$x_l = m$ となる l ($1 \leq l \leq n$) の個数は 1 または 2 であることを示せ．
>
> (00 京大・文系)

これは，$x_{k-1} - 2x_k + x_{k+1}$ が
$$(x_{k+1} - x_k) - (x_k - x_{k-1}) \quad \cdots\cdots\cdots\cdots ①$$
とみえるかどうかで，解けるかどうかが決まります．

数列 $x_1, x_2, \cdots, x_n$ の増減は，階差数列 $x_2 - x_1, x_3 - x_2, \cdots, x_n - x_{n-1}$ の符号で分かります（これは，関数 $f(x)$ の増減が，導関数 $f'(x)$ の符号で分かることに相当します）．さらにもう 1 回階差数列を考えたのが①というわけです（関数の場合でいえば，第 2 次導関数 $f''(x)$ ですね）．

①が正ということは，
$$x_k - x_{k-1} < x_{k+1} - x_k$$
すなわち，階差数列が増加数列であることを意味します（$f''(x) > 0$ であれば $f'(x)$ が増加関数であることに相当します）．よって，
$$x_2 - x_1 < x_3 - x_2 < \cdots < x_n - x_{n-1} \quad \cdots\cdots\cdots\cdots ②$$
です．

（ⅰ）②の左端の値 $x_2 - x_1$ が 0 以上であれば，
$$x_2 - x_1 \geq 0, \ x_3 - x_2 > 0, \ \cdots, \ x_n - x_{n-1} > 0$$
より，
$$x_1 \leq x_2, \ x_2 < x_3, \ \cdots, \ x_{n-1} < x_n$$
すなわち，
$$x_1 \leq x_2 < x_3 <, \ \cdots < x_n$$
であり，$x_l = m$ となる l の個数は，$x_1 < x_2$ であれば 1 個，$x_1 = x_2$ であれば 2 個となります．

（ⅱ）②の右端の値 $x_n - x_{n-1}$ が 0 以下であれば，
$$x_1 > x_2 > \cdots > x_{n-1} \geq x_n$$
であり，やはり，$x_l = m$ となる l の個数は 1 または 2 となります．

（ⅲ）（ⅰ），（ⅱ）以外のとき，$x_2-x_1<0$，$x_n-x_{n-1}>0$ですから，②の途中までは 0 以下，途中からは正であり，$x_i-x_{i-1}\leqq 0<x_{i+1}-x_i$ となる i が存在します．このとき，
$$x_1>x_2>\cdots>x_{i-1}\geqq x_i,$$
$$x_i<x_{i+1}<\cdots<x_n$$
ですから，やはり，証明すべきことが成り立ちます．

上の場合分けは，関数 $f(x)$ が区間 $a\leqq x\leqq b$ で $f''(x)>0$ を満たすとき，
(a) 　$f'(a)\geqq 0$（このとき $f(x)$ は増加）
(b) 　$f'(b)\leqq 0$（このとき $f(x)$ は減少）
(c) 　(a)，(b)以外（このとき $f(x)$ は減少して増加）
と場合分けしていることに相当します．

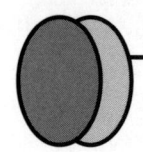

講義篇／第4章
設定する

　この章は、"設定"がテーマです．設定の仕方がポイントになる問題を扱います．皆さんも、解説を読む前に、自分でいろいろと考えてみて下さい．
　なお、例題4は数学Ⅲの範囲です．

　次の問題から始めましょう．

例題 1. 整式 $f(x)$ を $(x-1)^2$ で割ると $2x+2$ 余り、$(x+1)^2$ で割ると $3x+1$ 余る．このとき、次の問いに答えよ．
（1） $f(x)$ を x^2-1 で割った余りを求めよ．
（2） $f(x)$ を x^3-x^2-x+1 で割った余りを求めよ．

（99　東北学院大・文，教養）

　整式の割り算の問題というと、すぐに剰余の定理や因数定理を思い浮かべる人がいますが、それは1次式で割るときしか使えません．割り算の問題で基本となるのは、整式 $f(x)$, $g(x)$ ($\not\equiv 0$) に対して、$f(x)$ を $g(x)$ で割ったときの商を $Q(x)$, 余りを $R(x)$ とすると、

$$f(x)=g(x)Q(x)+R(x) \quad (R(x) は g(x) より低次)$$

が成り立つということです．
　この問題では、

$$f(x)=(x-1)^2Q_1(x)+2x+2 \quad \cdots\cdots\cdots ①$$
$$f(x)=(x+1)^2Q_2(x)+3x+1 \quad \cdots\cdots\cdots ②$$

が出発点になる式です（$Q_1(x)$, $Q_2(x)$ は商）．
（1）　求める余りは1次以下ですから、余りを $ax+b$ とおくと、

$$f(x)=(x^2-1)Q_3(x)+ax+b \quad \cdots\cdots\cdots ③$$

が成り立ちます．
　a, b を求めることが目標です．商 $Q_3(x)$ は不要ですから、それにかかっている x^2-1 が 0 になるような x の値を代入することを考えます．

$$x^2-1=(x-1)(x+1)$$

ですから，③に $x=1$，-1 を代入します．すると，
$$\begin{cases} f(1)=a+b \\ f(-1)=-a+b \end{cases}$$
となりますから，あとは $f(1)$, $f(-1)$ の値が分かればよいわけです．ここで①，②を見ると，①に $x=1$，②に $x=-1$ を代入すればよいことに気付きますね．
$$\begin{cases} \text{①に } x=1 \text{ を代入すると, } f(1)=4 \\ \text{②に } x=-1 \text{ を代入すると, } f(-1)=-2 \end{cases} \quad \cdots\cdots ④$$
ですから，
$$\begin{cases} a+b=4 \\ -a+b=-2 \end{cases} \quad \therefore \quad \begin{cases} a=3 \\ b=1 \end{cases}$$
で，求める余りは，
$$3x+1$$
となります．

　それでは，この章のテーマ"設定"の話に入りましょう．
　上の解答では，余りを素直に $ax+b$ とおきましたが，後から $x=1$ を代入することを考えて，余りを
$$c(x-1)+d \quad \cdots\cdots ⑤$$
とおくと，少しラクになります．これは，1次以下の余りを $x-1$ で割った形でおいたわけです．上の a, b との関係は，
$$ax+b=a(x-1)+a+b$$
より，$c=a$, $d=a+b$ です．
　余りを⑤のようにおくと，③の代わりに
$$f(x)=(x^2-1)Q_3(x)+c(x-1)+d$$
が成り立ち，$x=1$，-1 を代入して④を用いると，
$$\begin{cases} d=4 \\ -2c+d=-2 \end{cases} \quad \therefore \quad \begin{cases} c=3 \\ d=4 \end{cases}$$
となり，余りは，
$$3(x-1)+4=\mathbf{3x+1}$$
と求まります．

（2）　余りを ax^2+bx+c とおくと，
$$f(x)=\underline{(x^3-x^2-x+1)}Q_4(x)+ax^2+bx+c$$
となり，——部分が $(x-1)^2(x+1)$ と因数分解されることに注意すると，

結局,
$$f(x)=(x-1)^2(x+1)Q_4(x)+ax^2+bx+c \quad \cdots\cdots\cdots ⑥$$
から a, b, c を求めることになります.

⑥に $x=1$, -1 を代入して④を用いると, a, b, c についての連立方程式が2つできます.
$$\begin{cases} a+b+c=4 \\ a-b+c=-2 \end{cases} \quad \cdots\cdots\cdots ⑦$$

あと1つ方程式ができればよいのですが, ⑥の x に値を代入する方法ではダメです. これは, ⑥に $(x-1)^2$ という, 2乗の因数が含まれていることが原因です. このような場合には, 微分法を利用するのが定石です(ただし, 数学Ⅲの範囲になります).

⑥の両辺を x で微分すると,
$$f'(x)=2(x-1)(x+1)Q_4(x)+(x-1)^2 Q_4(x)$$
$$+(x-1)^2(x+1)Q_4'(x)+2ax+b$$
となりますから,
$$f'(1)=2a+b$$
であり, 一方, ①の両辺を x で微分すると,
$$f'(x)=2(x-1)Q_1(x)+(x-1)^2 Q_1'(x)+2$$
となりますから,
$$f'(1)=2$$
で,
$$2a+b=2 \quad \cdots\cdots\cdots ⑧$$
となります. ここでのポイントは, $(x-1)^2$ およびそれを微分した $2(x-1)$ に $x=1$ を代入すると, ともに0になることです.

⑦, ⑧を解くと, $a=-\dfrac{1}{2}$, $b=3$, $c=\dfrac{3}{2}$ となりますから, 求める余りは,
$$-\dfrac{1}{2}x^2+3x+\dfrac{3}{2}$$
となります.

それでは, 余りの設定の仕方を工夫しましょう.

上の解答で見たように, 割る式 $(x-1)^2(x+1)$ に2乗の因数が含まれていることが問題の解決を難しくしていますから, $f(x)$ を $(x-1)^2$ で割った余りが $2x+2$ であること(式①)をうまく使えるように余りを設定するこ

とを考えます．

　$f(x)$ を $(x-1)^2(x+1)$ で割った余りは2次以下で，その余りを $(x-1)^2$ で割った形で
$$a(x-1)^2+bx+c$$
とおくと，⑥の代わりに
$$f(x)=(x-1)^2(x+1)Q_4(x)+a(x-1)^2+bx+c \quad \cdots\cdots⑨$$
が成り立ちます（もちろん，ここでの a，b，c は，⑥の a，b，c とは異なります）．⑨の右辺を
$$(x-1)^2\{(x+1)Q_4(x)+a\}+bx+c$$
と変形すれば，$f(x)$ を $(x-1)^2$ で割った余りが $bx+c$ ということになりますから，$bx+c=2x+2$ であり，結局，⑨は
$$f(x)=(x-1)^2(x+1)Q_4(x)+a(x-1)^2+2x+2 \quad \cdots\cdots⑩$$
となります．この手の問題に慣れてくれば，はじめから⑩の形におけるようになるでしょう．

　⑩に $x=-1$ を代入して④（の第2式）を用いると，
$$f(-1)=4a \quad \therefore \quad 4a=-2 \quad \therefore \quad a=-\frac{1}{2}$$
となりますから，求める余りは
$$-\frac{1}{2}(x-1)^2+2x+2=-\frac{1}{2}x^2+3x+\frac{3}{2}$$
となります．

　以上のように，整式の割り算で余りを求める問題では，余りのおき方を工夫することで計算量が変わることがあります．工夫できる場合には工夫しましょう！

　それでは，次の問題です．

例題 2. $\dfrac{1}{x}$ の小数部分が $\dfrac{x}{2}$ に等しくなるような正の数 x をすべて求めよ．ただし，正の数 a の小数部分とは，a をこえない最大の整数 n との差 $a-n$ のことをいう．たとえば，3 の小数部分は 0 であり，3.14 の小数部分は 0.14 である．

（98　北大・文系）

$\dfrac{1}{x}$ の小数部分が $\dfrac{x}{2}$ であることをどのように定式化するかが問題です.

$\dfrac{1}{x}$ を越えない最大の整数を文字でおくことができるかどうかが, 問題を解くことができるかどうかの大きな分かれ目です. 問題文にない文字をおくのは, ちょっと勇気が必要ですが, とりあえずおいてみる（設定する）ことが重要な問題は少なくありません！

正の数 $\dfrac{1}{x}$ を越えない最大の整数を $n\,(\geqq 0)$ とおくと,

$$\dfrac{1}{x}=n+\dfrac{x}{2}$$

$$\therefore\quad x^2+2nx-2=0 \quad\cdots\cdots\cdots\cdots\cdots\cdots\text{①}$$

となります. ここで, 小数部分の範囲

$$0<\dfrac{x}{2}<1$$

$$\therefore\quad 0<x<2 \quad\cdots\cdots\cdots\cdots\cdots\cdots\text{②}$$

を忘れないように注意しましょう（$x>0$ より $\dfrac{x}{2}>0$ であることに注意）.

x についての2次方程式①が②の範囲に解をもつような $n\,(\geqq 0)$ と, そのときの解を求めることが目標です.

①の解がどこにあるかを調べるには, ①の左辺を $f(x)$ とおいて, そのグラフと x 軸との交点を考察するのが常套手段です.

$f(x)=x^2+2nx-2$ とおいて, ②を意識して, $f(0), f(2)$ を求めてみると,

$$f(0)=-2<0$$
$$f(2)=4n+2>0$$

ですから, $n\,(\geqq 0)$ によらず, ①の大きい方の解が②を満たすことが分かります.

よって, 求める x は,

$$x=-n+\sqrt{n^2+2}$$

（n は 0 以上の任意の整数）

となります.

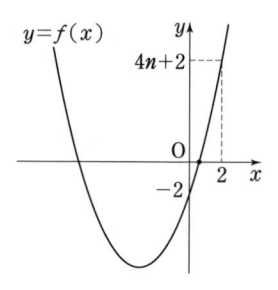

ここからは，図形の問題を扱います．

例題 3． △ABC において，辺 BC の中点を M，A から直線 BC にひいた垂線を AH とする．点 P を線分 MH 上に取るとき，
$$AB^2 + AC^2 \geqq 2AP^2 + BP^2 + CP^2$$
となることを示せ． （99　京大・文系，改題）

問題文に座標やベクトルがあったり，変数が設定してあれば，とりあえずはそれが解法の手懸りになりますが，問題文に何もないときは，問題の解決に何を使うか（初等幾何，三角関数，座標，ベクトルのどれを使うか（場合によっては，複数のものを混ぜて使う）），また，何を変数にとるかを，自分で決定しなければいけなくなります．その場合，ある程度の試行錯誤は避けられません．

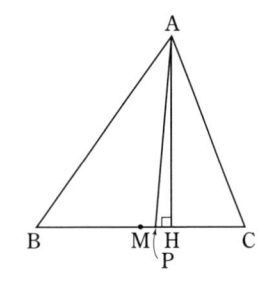

さて，本問の場合はどうでしょう．

点 P が動点です．垂線 AH が引いてあります．問題文に AP^2 が現れています．三平方の定理がピンとくる人も多いことでしょう．しかし，ちょっとまって下さい．上で描いた図と異なる場合があるかもしれません．

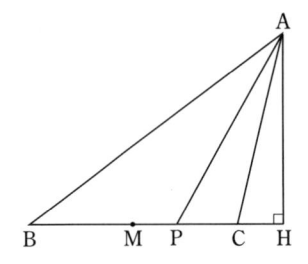

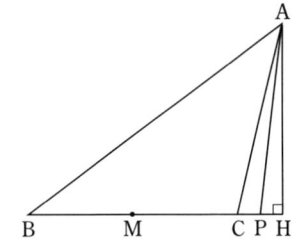

"長さ"を用いると，図が異なる場合によって，解答を（多少）修正する必要が生じます．これを回避するためには，座標を用いればよいのです！

座標平面上における 2 点 $A(x_1, y_1)$，$B(x_2, y_2)$ 間の距離の公式 $AB = \sqrt{(x_1 - x_2)^2 + (y_1 - y_2)^2}$ のもともとは三平方の定理ですが，座標には正の向きがあること（負の値があること）により，距離を機械的に扱えるの

第 4 章　設定する

がメリットです．

　Mを原点として，右図のように座標を設定しましょう．ここで，証明すべき不等式はB, Cに関して対称（B, Cを入れ換えても変わらない）ですから，必要であれば2点B, Cを入れ換えて，$a \geq 0$ としてかまいません．すると，p の変域は
$$0 \leq p \leq a$$
となります．このとき，
$$AB^2 + AC^2 - (2AP^2 + BP^2 + CP^2)$$
$$= (a+c)^2 + b^2 + (a-c)^2 + b^2$$
$$\quad - [2\{(a-p)^2 + b^2\} + (p+c)^2 + (c-p)^2]$$
$$= \cdots$$
$$= 4ap - 4p^2$$
$$= 4p(a-p)$$
$$\geq 0$$
となり，証明すべき不等式が成り立ちます．

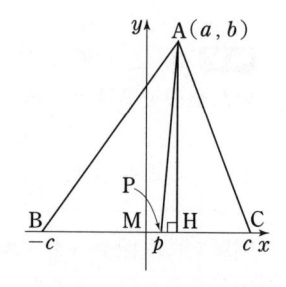

　非常に機械的にできましたね．

例題 4． 平面上において，直線 l と，l 上にない点 A をとる．

　直線 l 上に点 B を線分 AB と直線 l が直交するようにとり，点 B を中心として直線 l を角度 θ だけ回転して得られる直線を m とする．

　直線 l 上にない点 P をとり，直線 l に関して P と対称な点 Q をとる．また点 A を中心として点 Q を角度 2θ だけ回転して得られる点を R とする．

　このとき線分 PR の中点 M は直線 m 上にあることを証明せよ．

（97　阪大・理系）♯

　点のまわりの回転が登場しますから，複素数平面がピンとくるでしょう．あとは，どのように実軸，虚軸を設定するかです．直線 l に関する対称移動がありますから，l を実軸にとるのがよさそうです．すると，当然 B が原点ということになりますね．

右図のように定めて，Q, R, M に対応する複素数を順に求めていきます．

　まず，点 Q に対応する複素数は，点 P に対応する複素数 z の共役複素数 $\bar{z}$ です．

　次に，点 R に対応する複素数を w とすると，
$$w - \alpha = (\cos 2\theta + i \sin 2\theta)(\bar{z} - \alpha)$$
となります．ここで，式を見易くするために
$$\sigma = \cos 2\theta + i \sin 2\theta$$
とおくと，
$$w - \alpha = \sigma(\bar{z} - \alpha)$$
$$\therefore \quad w = \alpha + \sigma(\bar{z} - \alpha)$$
となります．

　以上から，線分 PR の中点 M に対応する複素数を μ とすると，
$$\mu = \frac{z+w}{2} = \frac{z + \alpha + \sigma(\bar{z} - \alpha)}{2} \quad \cdots\cdots\cdots\cdots\cdots ①$$
となります．

　あとは，点 M が直線 m 上にあることを示すには何を示せばよいのかを考えればよいのです．

直線 m は，2 点
$$0, \ \cos\theta + i\sin\theta$$
を通る直線ですから，
$$\rho = \cos\theta + i\sin\theta$$
とおくと，直線 m 上の点に対応する複素数は
$$t\rho \quad (t：実数)$$
の形をしています．すなわち，
$$\text{点 M が直線 } m \text{ 上にある} \iff \frac{\mu}{\rho} \text{ が実数} \quad \cdots\cdots\cdots\cdots ②$$
というわけです．

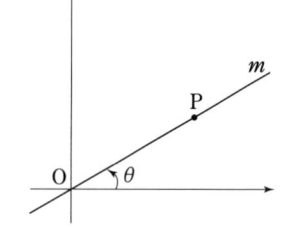

　それでは，②を証明しましょう．
$$\rho\bar{\rho} = |\rho|^2 = 1 \quad \therefore \quad \frac{1}{\rho} = \bar{\rho}$$
$$\sigma = \cos 2\theta + i\sin 2\theta = (\cos\theta + i\sin\theta)^2 = \rho^2$$
に注意すると，①より，
$$\frac{\mu}{\rho} = \frac{\bar{\rho}(z+\alpha) + \rho(\bar{z}-\alpha)}{2}$$

となります．これが実数であることを証明すればよいわけです．

$$\overline{\overline{\rho}(z+\alpha)} = \overline{\overline{\rho}}(\overline{z}+\overline{\alpha})$$
$$= \rho(\overline{z}-\alpha)$$
（α は純虚数であるから，$\overline{\alpha}=-\alpha$）

ですから，

$$\frac{\mu}{\rho} = \text{``}\overline{\rho}(z+\alpha) \text{ の実部''}$$

であり，②が証明されました．

なお，一般に，

$$\text{複素数 } z \text{ が実数} \iff \overline{z}=z$$

が成り立つことを利用して，②を証明することもできます．各自試みてみましょう．

最後に，次の問題をやってみましょう．

例題 5． 四面体 OABC の辺 OA 上に点 P，辺 AB 上に点 Q，辺 BC 上に点 R，辺 CO 上に点 S をとる．これらの 4 点をこの順序で結んで得られる図形が平行四辺形となるとき，この平行四辺形 PQRS の 2 つの対角線の交点は 2 つの線分 AC と OB のそれぞれの中点を結ぶ線分上にあることを示せ．　　　　　　　　　　　　（98　京大・理系）

空間図形，平行四辺形，中点，…… から，ベクトルを利用するのがよさそうだとピンとくれば，あとはほぼ一本道です．

$p,\ q,\ r,\ s$ を 0 以上 1 以下の実数として，

$$\overrightarrow{OP} = p\overrightarrow{OA},$$
$$\overrightarrow{OQ} = (1-q)\overrightarrow{OA} + q\overrightarrow{OB},$$
$$\overrightarrow{OR} = (1-r)\overrightarrow{OB} + r\overrightarrow{OC},$$
$$\overrightarrow{OS} = s\overrightarrow{OC}$$

とおくことができます．

PQRS が平行四辺形である条件は，

$$\overrightarrow{PQ} = \overrightarrow{SR}$$

でもよいのですが，証明すべきことを考えれば，

　　　対角線 PR，QS の交点 T は PR，QS の中点である

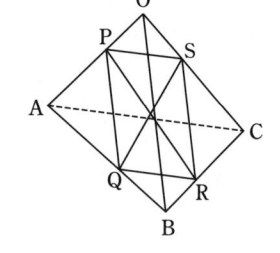

ことを用いるのがよいでしょう．

$$\overrightarrow{OT} = \frac{\overrightarrow{OP}+\overrightarrow{OR}}{2} = \frac{1}{2}\{p\overrightarrow{OA}+(1-r)\overrightarrow{OB}+r\overrightarrow{OC}\}$$

$$\overrightarrow{OT} = \frac{\overrightarrow{OQ}+\overrightarrow{OS}}{2} = \frac{1}{2}\{(1-q)\overrightarrow{OA}+q\overrightarrow{OB}+s\overrightarrow{OC}\}$$

であり，$\overrightarrow{OA}$，$\overrightarrow{OB}$，$\overrightarrow{OC}$ は線型独立（1次独立）ですから，2つの表現の $\overrightarrow{OA}$，$\overrightarrow{OB}$，$\overrightarrow{OC}$ の係数は一致します．よって，

$$p=1-q \text{ かつ } 1-r=q \text{ かつ } r=s$$

が成り立ちます．これより，

$$r=1-q=p$$

が得られますから，

$$\overrightarrow{OT} = \frac{1}{2}\{p\overrightarrow{OA}+(1-p)\overrightarrow{OB}+p\overrightarrow{OC}\}$$

となります．

あとは，これを，AC，OB の中点を意識して，

$$\overrightarrow{OT} = p\cdot\frac{1}{2}(\overrightarrow{OA}+\overrightarrow{OC})+(1-p)\cdot\frac{1}{2}\overrightarrow{OB}$$

と変形すれば，対角線の交点 T が線分 AC の中点と線分 OB の中点を結ぶ線分上にあることが分かります．

講義篇／第5章
自然流，逆手流

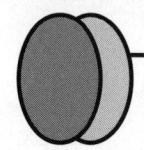

　この章は，関数の値域，軌跡，曲線の通過範囲などを求めるときに重要な考え方である"自然流"，"逆手流"を扱います．

　まず，次の問題を用いて，"自然流"，"逆手流"の考え方を説明することにしましょう．

例題 1. x, y が実数で，$2x^2+3xy+2y^2=1$ を満たすとき，$x+y+xy$ の最小値は □ である． （00　大東文化大）

　対称式の形であることは，すぐにピンとくるでしょう．常套手段通り，
$$u=x+y, \quad v=xy \quad \cdots\cdots\cdots\cdots①$$
とおくと，
$$2x^2+3xy+2y^2=1 \iff 2(x+y)^2-xy=1$$
$$\iff 2u^2-v=1 \quad \cdots\cdots②$$
ですが，ここで忘れてはいけないのが，"x, y が実数"ということです．①より，x, y は t の2次方程式
$$t^2-ut+v=0$$
の2解ですから，判別式を考えて，u, v には②の他に
$$u^2-4v \geq 0 \quad \cdots\cdots\cdots\cdots③$$
という制限がつきます（p.22 も見て下さい）．

　結局，実数 u, v の変域は，②かつ③です．
　このもとで，$x+y+xy=u+v$ の最小値を求めることになります．
　まず，"自然流"で解いてみます．
　u, v の制限のうち，②は等式ですから，v を u で表すことができます．すると，最小値を求めたい $u+v$ も u のみで表すことができ，その最小値が求まるというわけです．まず，②より，
$$v=2u^2-1 \quad \cdots\cdots\cdots\cdots④$$
ですから，

$$u+v=u+(2u^2-1)$$
$$=2\left(u+\frac{1}{4}\right)^2-\frac{9}{8} \quad\cdots\cdots\cdots\cdots\cdots\cdots\cdots\cdots⑤$$

であり，また，④を③に代入することにより，
$$u^2-4(2u^2-1)\geqq 0$$
$$\therefore\quad 7u^2-4\leqq 0$$
$$\therefore\quad -\frac{2}{\sqrt{7}}\leqq u\leqq\frac{2}{\sqrt{7}}$$

ですから，⑤は，$u=-\dfrac{1}{4}$ のとき最小値 $-\dfrac{9}{8}$ をとります．

次に，"逆手流"で解いてみます．

例えば，②かつ③のもとで，$u+v$ が 0 になり得るかどうかを調べてみます．そのためには，
$$\begin{cases} 2u^2-v=1 \\ u^2-4v\geqq 0 \\ u+v=0 \end{cases}$$

をすべて満たす実数 u, v が存在するかどうかを調べればよいわけですが，uv 平面に図示してみると，3 つの式を同時に満たす実数 u, v が存在することが分かります．すなわち，$u+v$ は 0 になり得るのです．

$u+v$ が 4 になり得るかどうかを，同じ方法で調べてみましょう．今度は
$$\begin{cases} 2u^2-v=1 \\ u^2-4v\geqq 0 \\ u+v=4 \end{cases}$$

をすべて満たす実数 u, v が存在しないことが分かりますから，$u+v$ は 4 になり得ないことになります．

以上をまとめると，

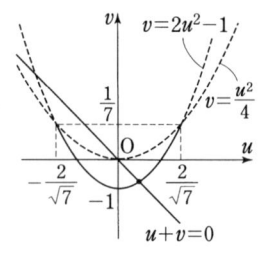

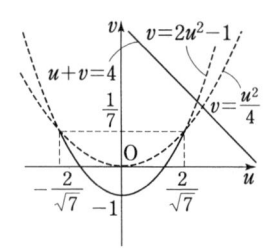

$u+v$ が k となり得る

$\iff \begin{cases} 2u^2 - v = 1 \\ u^2 - 4v \geq 0 \\ u+v = k \end{cases}$

をすべて満たす実数 u, v が存在する

$\iff uv$ 平面において，

$\begin{cases} 2u^2 - v = 1 \\ u^2 - 4v \geq 0 \\ u+v = k \end{cases}$

をすべて満たす点 (u, v) が存在する ……⑥

となります．このように，$u+v$ のとり得る値を調べるのに，

$$u+v = k \text{ となり得るかどうか？}$$

と考えて，u, v の存在条件を考えるのが，"逆手流"という考え方なのです．

放物線 $v = 2u^2 - 1$ の接線で，傾きが -1 であるものは，

$$v' = 4u = -1 \quad \therefore \quad u = -\frac{1}{4}$$

より，点 $\left(-\frac{1}{4}, -\frac{7}{8}\right)$ における接線で，その方程式は

$$v = -\left\{u - \left(-\frac{1}{4}\right)\right\} + \left(-\frac{7}{8}\right) = -u - \frac{9}{8}$$

です．このとき，接点が $-\frac{2}{\sqrt{7}} \leq u \leq \frac{2}{\sqrt{7}}$ の範囲にあることに注意すると，

⑥が成り立つような k の最小値は $-\dfrac{9}{8}$ であり，これが求める最小値です．

次に，分野を変えて，軌跡の問題を使って，"自然流"，"逆手流"の考え方を説明することにしましょう．

例題 2． 2 定点 O(0, 0)，A(4, 2) と円 $(x-2)^2 + (y-2)^2 = 4$ の周上を動く点 P がある．

（1） 3 点 O，A，P が同一直線上にあるとき，A と異なる点 P の座標を求めよ．

（2） 3 点 O，A，P が同一直線上にないとき，△OAP の重心の軌跡を求めよ．　　　　　　　　　　　　　（97　九大・文系，一部省略）

（1） これは，本題とは違いますから，簡単に済ませることにしましょう．

直線 OA の方程式 $y=\dfrac{1}{2}x$ と円の方程式を連立して解くと，

$(x, y)=(4, 2)$, $\left(\dfrac{4}{5}, \dfrac{2}{5}\right)$ となりますから，求める答えは，$P\left(\dfrac{4}{5}, \dfrac{2}{5}\right)$ です．

（2） $P(x, y)$，$\triangle OAP$ の重心を $Q(X, Y)$ とおくと，

$$\begin{cases} X=\dfrac{x+4}{3} & \cdots\cdots\cdots\text{①} \\ Y=\dfrac{y+2}{3} & \cdots\cdots\cdots\text{②} \end{cases}$$

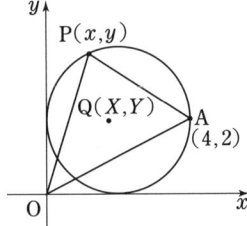

が成り立ちます．

点 P が円（から 2 点を除いた図形）の上を動くにつれて，点 Q が動いて軌跡ができるわけですが，

$$P \text{ の動き} \to Q \text{ の動き}$$

の "自然" な流れで Q の軌跡を考えるのが "自然流" です．

①，②は，$P(x, y)$ を x 軸方向に 4，y 軸方向に 2 だけ平行移動した点 $(x+4, y+2)$ を，原点を中心に $\dfrac{1}{3}$ 倍した点が Q であることを意味しますから，次のようにして Q の軌跡が求まります．

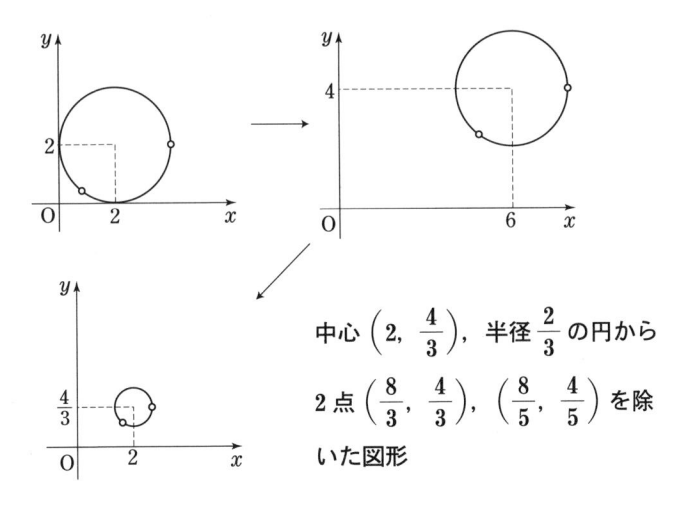

中心 $\left(2, \dfrac{4}{3}\right)$，半径 $\dfrac{2}{3}$ の円から 2 点 $\left(\dfrac{8}{3}, \dfrac{4}{3}\right)$, $\left(\dfrac{8}{5}, \dfrac{4}{5}\right)$ を除いた図形

第 5 章 自然流，逆手流

また，円をパラメタ表示して，
$$x=2+2\cos\theta, \quad y=2+2\sin\theta$$
を①，②に代入すると，
$$X=2+\frac{2}{3}\cos\theta, \quad Y=\frac{4}{3}+\frac{2}{3}\sin\theta$$
となることからも，Qの軌跡が円から2点を除いた図形であることが分かります．

あるいは，OAの中点をMとすると，重心の性質から，PQ：QM＝2：1ですから，Mを中心にPを$\frac{1}{3}$倍した点がQであることに着目して，Qの軌跡を求めることもできます（各自，やってみましょう）．

以上で"自然流"の説明は終わりにして，"逆手流"の説明に移りましょう．"逆手流"では，Q→Pの"逆"の流れで考えます．

例えば，Qが(1, 1)になり得るかどうかを調べてみます．①，②で$X=1$，$Y=1$とすると$x=-1$，$y=1$，すなわちP(-1, 1)となりますが，これは，もともとPが動く図形
$$(x-2)^2+(y-2)^2=4 \text{ かつ } (x, y) \neq (4, 2), \left(\frac{4}{5}, \frac{2}{5}\right) \cdots\cdots ③$$
の上にありません．ということは，Qは(1, 1)になり得ないということです．

もう1つ調べてみましょう．Qが$\left(\frac{12}{5}, \frac{28}{15}\right)$になり得るかどうかというと，①，②で$X=\frac{12}{5}$，$Y=\frac{28}{15}$とすると$x=\frac{16}{5}$，$y=\frac{18}{5}$，すなわちP$\left(\frac{16}{5}, \frac{18}{5}\right)$となり，これは③を満たしていますから，Qは$\left(\frac{12}{5}, \frac{28}{15}\right)$になり得るわけです．

以上まとめると，Qが(a, b)になり得るかどうかは，①，②から求まるP$(3a-4, 3b-2)$が③の上にあるかどうかで決まります．文字をa，bに代えないで，X，Yのままで言い直すと，

Qが(X, Y)となり得る
$\Longleftrightarrow$ ①，②から求まるP(x, y)が③を満たす
$\Longleftrightarrow$ ①，②，③を満たす実数x，yが存在する

となります．

このように，求めるもの (X, Y) を定点とみて，
$$(X, Y) \text{ は求める軌跡上の点か？}$$
と考えて，他の文字 (x, y) の存在条件を考えるのが，"逆手流"の考え方です．

この問題の"逆手流"による解答は，①，②から求まる $P(3X-4, 3Y-2)$ が③の上にある条件を考えて，
$$(3X-6)^2+(3Y-4)^2=4 \text{ かつ } (3X-4, 3Y-2) \neq (4, 2), \left(\frac{4}{5}, \frac{2}{5}\right)$$
$$\therefore (X-2)^2+\left(Y-\frac{4}{3}\right)^2=\frac{4}{9} \text{ かつ } (X, Y) \neq \left(\frac{8}{3}, \frac{4}{3}\right), \left(\frac{8}{5}, \frac{4}{5}\right)$$
となります．高校数学では，座標に小文字の (x, y) を使うのが習慣ですから，最後に，上の結果の X, Y を x, y に書き直しておけばよいでしょう．

上の解答は，表面上は，①，②，③から x, y を消去して X, Y の関係式を作ったことになっていますが，実際にやっているのは，①，②，③を満たす x, y の存在条件（この場合は，①，②から求まる x, y が③を満たすこと）だということをしっかり意識して下さい．

それでは，次の問題です．

例題 3．点 $P(\alpha, \beta)$ が $\alpha^2+\beta^2+\alpha\beta<1$ を満たして動くとき，点 $Q(\alpha+\beta, \alpha\beta)$ の動く範囲を図示せよ． （99 岐阜大（後）・教）

$Q(x, y)$ とおくと，
$$\begin{cases} x=\alpha+\beta & \cdots\cdots① \\ y=\alpha\beta & \cdots\cdots② \end{cases}$$
です．点 P が動くにつれて，点 Q が動いていくわけですが，例題 2 のときとは違って，①，②から直接 Q の動きを捉えるのは難しそうです．また，P が動く図形
$$\alpha^2+\beta^2+\alpha\beta<1 \cdots\cdots③$$
もどのような形かはっきりしません．この問題は，"自然流"ではなく，"逆手流"で考えるのがよさそうです．

存在条件を意識せず，文字 α, β を消去すればよいと思っている人は，③を
$$(\alpha+\beta)^2-\alpha\beta<1$$

第 5 章 自然流，逆手流

と変形した式に①,②を代入した
$$x^2-y<1 \quad \therefore \quad y>x^2-1 \quad \cdots\cdots\cdots\cdots\text{④}$$
を答としがちですが,これはQの動く範囲ではありません! 実際,例えば,点$(1, 1)$は④を満たしていますが,Qは$(1, 1)$になり得ません.というのも,①,②で$x=1$, $y=1$とすると
$$\alpha+\beta=1, \quad \alpha\beta=1$$
となり,α, βは2次方程式
$$t^2-t+1=0$$
の2解となりますが,この2次方程式は実数解をもちませんから,Qは$(1, 1)$になり得ません.一方,点$\left(\dfrac{1}{2}, -\dfrac{1}{2}\right)$は④を満たす点の1つですが,今度はQは$\left(\dfrac{1}{2}, -\dfrac{1}{2}\right)$になり得ます.①,②で$x=\dfrac{1}{2}$, $y=-\dfrac{1}{2}$とすると
$$\alpha+\beta=\dfrac{1}{2}, \quad \alpha\beta=-\dfrac{1}{2} \quad \cdots\cdots\cdots\cdots\text{⑤}$$
となり,α, βは2次方程式
$$t^2-\dfrac{1}{2}t-\dfrac{1}{2}=0$$
の2解となります.これを解くと,
$$(\alpha, \beta)=\left(1, -\dfrac{1}{2}\right), \left(-\dfrac{1}{2}, 1\right) \quad \cdots\cdots\cdots\text{⑥}$$
となり,これは確かに③を満たしています.ここで,⑥を③に代入して確かめなくても,⑥は⑤を解いたものですから,⑤が③を満たすことを確かめればよいことに注意しておきましょう.

以上で分かるように,
  Qが(x, y)となり得る
  $\iff$①,②,③を満たす実数α, βが存在する
となります.

①,②より,α, βは2次方程式
$$t^2-xt+y=0 \quad \cdots\cdots\cdots\cdots\text{⑦}$$
の2解ですから,まず,α, βが実数となるためには,判別式を考えて,
$$x^2-4y\geqq 0 \quad \therefore \quad y\leqq\dfrac{1}{4}x^2 \quad \cdots\cdots\cdots\text{⑧}$$

でなければいけません．さらに，⑦の解から得られる (α, β) が③を満たせばよいわけですが，これは，①，②が③を満たすことで，はじめに求めた④となります．

結局，Q の動く範囲は，⑧かつ④で，図示すると右図の網目部分となります．

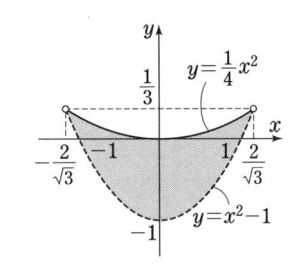

次は，通過範囲の問題です．

例題 4. xy 平面上の 2 点 A$(-1, 2)$, B$(2, 5)$ を通る放物線 $y=ax^2+bx+c$ をすべて考えるとき，どの放物線も通らない点の集合を求め，それを図示せよ． （00 名大（後）・情報文化）

まず，放物線の方程式を確定させましょう．

放物線が 2 点 A，B を通ることから，
$$a-b+c=2,\ 4a+2b+c=5$$
であり，これから，b, c を a を用いて表すと，
$$b=-a+1,\ c=-2a+3$$
となりますから，放物線の方程式は 1 つの文字 a のみを用いて表せて，
$$y=ax^2+(-a+1)x+(-2a+3) \quad \cdots\cdots ①$$
となります．ただし，これが放物線であることから，
$$a \neq 0 \quad \cdots\cdots ②$$
です．

それでは，"自然流" による解法から説明しましょう．

a の値が変化するにつれて，放物線①が動いていくわけですが，①全体の動きを捉えるのは難しいので，例えば，直線 $x=1$ 上に着目して，①の動きを調べてみます．

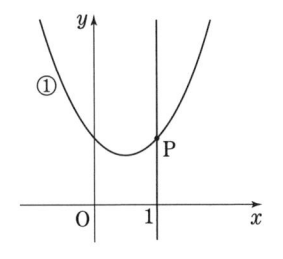

①で $x=1$ とおくと，①と $x=1$ の交点が，P$(1, -2a+4)$ であることが分かります．ここで，a を②の範囲で変化させると，P の y 座標 $-2a+4$ は，4 以外のすべての実数値をとって変化しますから，直線 $x=1$ 上で放物線①が通り得る範囲は，点 $(1, 4)$ 以外のすべての点ということになります．通り得ないのは，点 $(1, 4)$ のみということになります．

次に，直線 $x=2$ 上を調べてみましょう．①と $x=2$ の交点は P(2, 5) であり，a に依りませんから，直線 $x=2$ 上で放物線①が通り得るのは，点 (2, 5) のみであり，それ以外の点は，通り得ないことになります．

以上まとめると，直線 $x=k$ 上に限定して考えると，放物線①の通り得る範囲，通り得ない範囲は，①に $x=k$ を代入したときの y の値域を調べることによって分かるということです．ここでも，今までと同様，いちいち $x=k$ とするのは面倒ですから，①で x を定数とみなして，y を a の関数とみなしたときの値域を調べればよいのです．このとき，x を定数と意識することが重要です．

それでは，解答を作っていきましょう．

①の右辺を a の関数とみて $f(a)$ とおくと，
$$f(a)=(x^2-x-2)a+x+3 \quad \cdots\cdots\cdots\cdots ③$$
です．a を②の範囲で変化させたときの $f(a)$ の値域を調べます．あわてて，$f(a)$ の値域を $x+3$ 以外のすべての実数としてはいけません！ ③の a の係数が 0 か 0 でないかで場合分けをしないといけません．

$$x^2-x-2=(x+1)(x-2)$$

ですから，

（ⅰ） $x \neq -1, 2$ のとき

③の a の係数は 0 でなく，$f(a)$ がとり得る値は $x+3$ 以外のすべての実数，とり得ない値は $x+3$ のみです．

（ⅱ） $x=-1, 2$ のとき

③の a の係数は 0 であり，$f(a)$ がとり得る値は $x+3$ のみ，とり得ない値は $x+3$ 以外のすべての実数です．

以上から，放物線①が通り得ない範囲は，右図のようになります．

放物線①が通り得ない範囲は，
　x 座標が -1, 2 以外のときは直線 AB 上，
　x 座標が -1 のときは A 以外の点,
　x 座標が 2 のときは B 以外の点
で，直観的に納得できます．

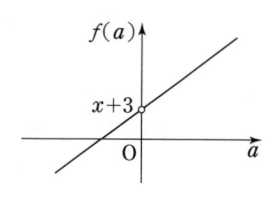

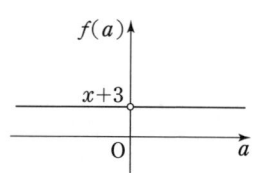

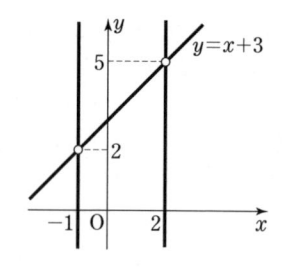

次に，"逆手流"による解法を説明しましょう．

今までの例題の解説で分かったと思いますが，例えば，①が点 (1, 1) を通り得るかどうかは，①に $x=1$, $y=1$ を代入したとき，①，②を満たす実数 a が存在するかどうかで決まります．実際に，①に $x=1$, $y=1$ を代入してみると，

$$1=-2a+4 \quad \therefore \quad a=\frac{3}{2} \quad (\text{これは実数})$$

となり，これは，②を満たしています．すなわち，$a=\frac{3}{2}$ のときの放物線 $y=\frac{3}{2}x^2-\frac{1}{2}x$ が点 (1, 1) を通るわけです．

すなわち，

放物線①が点 (x, y) を通り得る
$\iff$ ①，②を満たす実数 a が存在する

であり，また，

放物線①が点 (x, y) を通り得ない
$\iff$ ①，②を満たす実数 a が存在しない

ということです．

それでは，解答を作ってみましょう．

①を a について整理すると，

$$(x^2-x-2)a=y-x-3$$
$$\therefore \quad (x+1)(x-2)a=y-x-3 \quad \cdots\cdots\cdots\cdots\cdots ④$$

となりますから，

(ⅰ) $x \neq -1$, 2 のとき

①を満たす a は

$$a=\frac{y-x-3}{(x+1)(x-2)} \quad (\text{これは実数})$$

のみで，①，②を満たす実数 a が存在しない条件は，

$$y-x-3=0$$
$$\therefore \quad y=x+3$$

(ⅱ) $x=-1$, 2 のとき

④は

$$0 \cdot a = y-x-3$$

となりますから，①，②を満たす実数 a が存在しない条件は，

第 5 章 自然流，逆手流

$$y-x-3\ne0$$
$$\therefore\ y\ne x+3$$
となります．

　これで，"逆手流"による解答が完成しました．もう"逆手流"の考え方がつかめたことと思います．

　最後に，次の問題をやってみましょう．

> **例題 5.** 曲線 $y=x^2$ 上の点 $(a,\ a^2)$ での接線を l とする．l 上の点で x 座標が $a-1$ と $a+1$ のものをそれぞれ P および Q とする．a が $-1\leqq a\leqq1$ の範囲を動くとき線分 PQ の動く範囲の面積を求めよ．
>
> （99　東北大・理系）

　まず，接線 l の方程式を求めましょう．
$$y=x^2 \quad\cdots\cdots\cdots①$$
のとき $y'=2x$ ですから，l の方程式は，
$$y=2a(x-a)+a^2$$
$$\therefore\ y=2ax-a^2 \quad\cdots\cdots\cdots②$$
となります．

　よって，線分 PQ を表す式は，
$$y=2ax-a^2\ \text{かつ}\ a-1\leqq x\leqq a+1 \quad\cdots\cdots\cdots③$$
となります．

　a が
$$-1\leqq a\leqq1 \quad\cdots\cdots\cdots④$$
の範囲を動くとき，線分 PQ の動く範囲を求めましょう．

　この問題では，"逆手流"はやや面倒です．というのも，"逆手流"では，点 $(x,\ y)$ を定点とみて，③，④を満たす a の存在条件を考えることになるわけですが，それは，a の2次方程式
$$a^2-2xa+y=0$$
が
$$x-1\leqq a\leqq x+1\ \text{かつ}\ -1\leqq a\leqq1$$
の範囲に少なくとも1つ実数解をもつ条件であり，x の値によって場合分けしなければいけなくなるからです．

それでは，"自然流"で考えてみましょう．

接線 l は，①に $x=a$ の点で接していますから，a が動くにつれて，l がどのように動くかは直接捉えられます．また，②に $x=a-1$, $a+1$ を代入すると，

$$P(a-1,\ a^2-2a),\ Q(a+1,\ a^2+2a)$$

となりますが，a を消去すれば分かるように，P, Q はともに放物線 $y=x^2-1$ 上にあります．よって，a を④の範囲で動かすと，線分 PQ の動く範囲は，右図の網目部分となります．

求める面積は，y 軸に関する対称性に注意して，

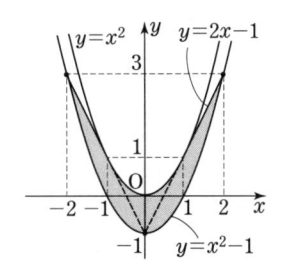

$$2\left[\int_0^1 \{x^2-(x^2-1)\}dx + \frac{1}{2}(1+3)\cdot 1 - \int_1^2 (x^2-1)dx\right]$$
$$= 2\left\{\int_0^1 1dx + 2 - \int_1^2 (x^2-1)dx\right\}$$
$$= 2\left(\left[x\right]_0^1 + 2 - \left[\frac{1}{3}x^3-x\right]_1^2\right)$$
$$= 2\left(1+2-\frac{4}{3}\right)$$
$$= \frac{10}{3}$$

となります．

講義篇／第6章

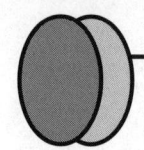

評価する

　この章は，評価すること，すなわち，不等式を作ることがテーマの問題を扱います．難し目の問題が並んでいますが，いつもの通り，自分で問題を解いてから解説を読んで下さい．

　なお，例題 4，5 は数学 III の範囲です．

例題 1．（1）$\sqrt{|a+2|}-\sqrt{|a-2|}=0$ をみたす実数 a を求めよ．

（2）$\dfrac{\sqrt{|a+2|}-\sqrt{|a-2|}}{\sqrt{|a+2|}+\sqrt{|a-2|}}$ が整数の値をとるような実数 a をすべて求めよ．

（04　岩手大・教，農，改題）

（1）これは簡単ですね．
$$\sqrt{|a+2|}-\sqrt{|a-2|}=0$$
$$\iff |a+2|=|a-2| \quad \cdots\cdots\text{①}$$
であり，一般に，実数 A，B に対して，
$$|A|=|B| \iff A=B \text{ または } A=-B$$
ですから，
$$\text{①} \iff a+2=a-2 \text{ または } a+2=-(a-2)$$
$$\iff 4=0 \text{ または } 2a=0$$
となり，$\boldsymbol{a=0}$ が得られます．

（2）これは考えにくい問題です．
$$\dfrac{\sqrt{|a+2|}-\sqrt{|a-2|}}{\sqrt{|a+2|}+\sqrt{|a-2|}} \quad \cdots\cdots\text{②}$$
の形を見て，a がある程度大きいと，②は 0 と 1 の間にあり，②は整数にならないということがピンときますか？　例えば，$a=10$ とすると，
$$\text{②}=\dfrac{\sqrt{12}-\sqrt{8}}{\sqrt{12}+\sqrt{8}}$$
となり，確かに 0 と 1 の間にあります．

a がある程度大きいと②が 0 と 1 の間にあるということは，②が 1 以上となるような a はある程度の範囲に限定されるということです．

　同様に，a が（負で）ある程度小さいと，②は -1 と 0 の間にあり，②は整数になりません．

　a がある程度小さいと②が -1 と 0 の間にあるということは，②が -1 以下となるような a はある程度の範囲に限定されるということです．

　以上のことを踏まえて，②が整数になる実数 a を求めることにしましょう．

　まず，②が 0 になるのは，②の分子が 0 のときであり，（1）より，$a=0$ です．

　次に，②が正の整数のとき，②は 1 以上でなければいけませんから，

$$\frac{\sqrt{|a+2|}-\sqrt{|a-2|}}{\sqrt{|a+2|}+\sqrt{|a-2|}} \geq 1 \quad \cdots\cdots\cdots\cdots\cdots ③$$

$$\therefore \quad \sqrt{|a+2|}-\sqrt{|a-2|} \geq \sqrt{|a+2|}+\sqrt{|a-2|}$$

$$\therefore \quad -2\sqrt{|a-2|} \geq 0$$

$$\therefore \quad \sqrt{|a-2|} \leq 0$$

より，$a=2$ でなければいけませんが，このとき，③で等号が成り立ちますから，確かに②は整数です．

　最後に，②が負の整数のとき，②は -1 以下でなければいけませんから，

$$\frac{\sqrt{|a+2|}-\sqrt{|a-2|}}{\sqrt{|a+2|}+\sqrt{|a-2|}} \leq -1 \quad \cdots\cdots\cdots\cdots\cdots ④$$

$$\therefore \quad \sqrt{|a+2|}-\sqrt{|a-2|} \leq -\sqrt{|a+2|}-\sqrt{|a-2|}$$

$$\therefore \quad 2\sqrt{|a+2|} \leq 0$$

$$\therefore \quad \sqrt{|a+2|} \leq 0$$

より，$a=-2$ でなければいけませんが，このとき，④で等号が成り立ちますから，確かに②は整数です．

　以上から，求める答は，

$$a=0, \ \pm 2$$

です．

例題 2. 実数 x, y が $x \geq y \geq 1$ を満たすとき，次の不等式が成立することを示せ．
$$(x+y-1)\log_2(x+y) \geq (x-1)\log_2 x + (y-1)\log_2 y + y$$

（00 京大（後）・文系）

見かけ以上に難しい問題で，単純に左辺と右辺の差を計算しても式を整理していくことができません．また，log を外して，証明すべき不等式を
$$(x+y)^{x+y-1} \geq x^{x-1} \cdot y^{y-1} \cdot 2^y$$
と変形しても同様で，左辺と右辺の差を整理していくことができません．

発想を変える必要があります．

証明すべき不等式の左辺をうまく評価して，右辺を作り出すことを考えます．右辺をみれば，まず，左辺を
$$(x-1)\log_2(x+y) + y\log_2(x+y) \quad \cdots\cdots\cdots ①$$
と変形してみるところでしょう．次に，①の第1項を
$$(x-1)\log_2(x+y) \geq (x-1)\log_2 x$$
$$(\because \ x-1 \geq 0, \ \log_2(x+y) > \log_2 x)$$
と評価して，さらに，①の第2項を評価して $(y-1)\log_2 y + y$ と比較することを考えます．ここで，log のついていない y の部分が問題です．これは，$y\log_2 2$ として出てくるのだろうと考えて，
$$y\log_2(x+y) \geq y\log_2(y+y) \quad (\because \ x \geq y \geq 1)$$
$$= y\log_2 2y$$
$$= y(\log_2 y + \log_2 2)$$
$$= y\log_2 y + y$$
$$\geq (y-1)\log_2 y + y \quad (\because \ y > y-1, \ \log_2 y \geq 0)$$
と評価していけば完成です．

例題 3.（1） $a_0<b_0$, $a_1<b_1$ を満たす正の実数 a_0, b_0, a_1, b_1 について，次の不等式が成り立つことを示せ．
$$\frac{b_1{}^2}{a_0{}^2+1}+\frac{a_1{}^2}{b_0{}^2+1}>\frac{a_1{}^2}{a_0{}^2+1}+\frac{b_1{}^2}{b_0{}^2+1}$$

（2） n 個の自然数 x_1, x_2, $\cdots$, x_n は互いに相異なり，$1\leqq x_k \leqq n$ （$1\leqq k\leqq n$）を満たしているとする．このとき，次の不等式が成り立つことを示せ．
$$\sum_{k=1}^{n}\frac{x_k{}^2}{k^2+1}>n-\frac{8}{5}$$
（99　京大・理系）

（2）の途中までは，
$$p_1>p_2>\cdots>p_n, \quad q_1>q_2>\cdots>q_n$$
のとき，q_1, q_2, $\cdots$, q_n を並べかえたものを r_1, r_2, $\cdots$, r_n とすると，不等式
$$\sum_{k=1}^{n}p_k r_k \geqq \sum_{k=1}^{n}p_k q_{n+1-k}$$
が成り立つという，よく知られたことをネタにした問題です．このことの証明のポイントは，
$$a>b, \ c>d \ \text{のとき}, \ ac+bd>ad+bc$$
が成り立つことで，これが（1）にあたります．以下の解説をもとに，上記のことを証明してみましょう．

（1） これは簡単です．左辺と右辺の差が
$$\left(\frac{1}{a_0{}^2+1}-\frac{1}{b_0{}^2+1}\right)(b_1{}^2-a_1{}^2)>0$$
となることから分かります．

（2） x_1, x_2, $\cdots$, x_n は，1, 2, $\cdots$, n を並べかえたものです．まず，
$$\sum_{k=1}^{n}\frac{x_k{}^2}{k^2+1}\geqq \sum_{k=1}^{n}\frac{k^2}{k^2+1} \quad \cdots\cdots\cdots\cdots\text{①}$$
であることを示します．①の左辺において，
$$i<j \ \text{かつ} \ x_i>x_j$$
となる i, j の組が存在すれば，（1）より
$$\frac{x_i{}^2}{i^2+1}+\frac{x_j{}^2}{j^2+1}>\frac{x_j{}^2}{i^2+1}+\frac{x_i{}^2}{j^2+1}$$

ですから，x_i と x_j を入れかえることにより，①の左辺の値は小さくなります．よって，$x_1<x_2<\cdots<x_n$，すなわち，$x_1=1,\ x_2=2,\ \cdots,\ x_n=n$ のとき ①の左辺は最小になり，①が成り立つことが分かります．

以上から，
$$\sum_{k=1}^{n}\frac{k^2}{k^2+1}>n-\frac{8}{5} \quad\cdots\cdots\cdots\cdots\cdots\cdots ②$$
が成り立つことを示すことになります．

②の右辺に n がありますから，②の左辺を
$$\sum_{k=1}^{n}\left(1-\frac{1}{k^2+1}\right)=n-\sum_{k=1}^{n}\frac{1}{k^2+1}$$
と変形して，結局，
$$\sum_{k=1}^{n}\frac{1}{k^2+1}<\frac{8}{5} \quad\cdots\cdots\cdots\cdots\cdots\cdots ③$$
を示すことになります．

ここからが問題です．というのも，③の左辺の和を求めることができないからです．というわけで，③の左辺を評価することを考えます．方針としては，$\dfrac{1}{k^2+1}\leqq a_k$ を満たす数列で $\sum_{k=1}^{n}a_k$ が計算できるものを見つけることを考えます．分数の形では，$\sum_{k=1}^{n}\dfrac{1}{k(k+1)}$ のようなものであれば和を求めることができますから，
$$k^2+1>(k-1)k$$
$$\therefore\quad \frac{1}{k^2+1}<\frac{1}{(k-1)k}\quad (k\geqq 2)$$
として，
$$\sum_{k=1}^{n}\frac{1}{k^2+1}=\frac{1}{1^2+1}+\sum_{k=2}^{n}\frac{1}{k^2+1}$$
$$<\frac{1}{1^2+1}+\sum_{k=2}^{n}\frac{1}{(k-1)k}$$
$$=\frac{1}{2}+\sum_{k=2}^{n}\left(\frac{1}{k-1}-\frac{1}{k}\right)$$
$$=\frac{1}{2}+\left(\frac{1}{1}-\frac{1}{n}\right)$$
$$=\frac{3}{2}-\frac{1}{n}$$

$$< \frac{3}{2}$$
$$< \frac{8}{5}$$

とすれば，③が示されます．

あるいは，数学Ⅲの範囲になりますが，積分を利用して評価することもできます．

③の左辺の和は右図の網目部分の長方形の面積の和ですから，

$$\sum_{k=1}^{n} \frac{1}{k^2+1} < \int_0^n \frac{1}{x^2+1} dx$$

となり，$x = \tan\theta$（$0 \leq \theta \leq \theta_n$，ただし，$\theta_n$ は $\tan\theta_n = n$ を満たす鋭角）とおきかえると，

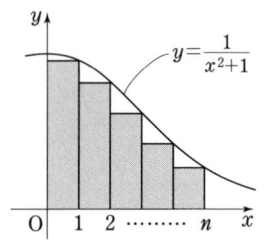

$$\int_0^n \frac{1}{x^2+1} dx = \int_0^{\theta_n} \frac{1}{\tan^2\theta+1} \cdot \frac{1}{\cos^2\theta} d\theta$$
$$= \int_0^{\theta_n} d\theta$$
$$= \theta_n$$
$$< \frac{\pi}{2}$$
$$< \frac{8}{5} \quad \left(\because \pi < \frac{16}{5} = 3.2 \right)$$

となり解決します．

例題 4. 数列 $\{c_n\}$ を次の式で定める．
$$c_n = (n+1)\int_0^1 x^n \cos\pi x\, dx \quad (n=1, 2, \cdots)$$
このとき
（1） c_n と c_{n+2} の関係を求めよ．
（2） $\displaystyle\lim_{n\to\infty} c_n$ を求めよ．
（3） （2）で求めた極限値を c とするとき，$\displaystyle\lim_{n\to\infty}\frac{c_{n+1}-c}{c_n-c}$ を求めよ．

（00　京大・理系）#

（1）　これは，典型的な形です．
$$c_n = (n+1)\int_0^1 x^n \cos\pi x\, dx$$
と
$$c_{n+2} = (n+3)\int_0^1 x^{n+2} \cos\pi x\, dx$$
を結びつけたいのですから，c_{n+2} において，x^{n+2} を微分する形で部分積分すればよいのです．実際には，部分積分を 2 回繰り返すと，c_{n+2} が c_n と結びつきます．

$$c_{n+2} = (n+3)\left\{\left[x^{n+2}\cdot\frac{1}{\pi}\sin\pi x\right]_0^1 - \int_0^1 (n+2)x^{n+1}\cdot\frac{1}{\pi}\sin\pi x\, dx\right\}$$
$$= -\frac{1}{\pi}(n+3)(n+2)\int_0^1 x^{n+1}\sin\pi x\, dx$$
$$= \cdots$$
$$= -\frac{1}{\pi^2}(n+3)(n+2)(1+c_n) \cdots\cdots\cdots\cdots\cdots\cdots\cdots①$$

が求める答です．

（2）　①をどう使うかが問題です．
$\displaystyle\lim_{n\to\infty} c_n = c$ とすると，①の右辺の極限値は，
$$1+c>0 \text{ のとき } -\infty,$$
$$1+c<0 \text{ のとき } +\infty$$
となり，①の左辺の極限値 c と一致しませんから，

$$1+c=0 \qquad \therefore \quad c=-1$$

となるしかありません．しかし，これは $\lim_{n\to\infty} c_n$ が存在すると仮定したときの話ですから，解答にはなりません．①から，一般項 c_n が n の簡単な式で表せるとは思えませんから，別のことを考えます．

$$\lim_{n\to\infty} c_n = -1 \iff \lim_{n\to\infty} (c_n+1) = 0$$

ですから，このことを意識して，①を

$$c_n + 1 = -\frac{\pi^2}{(n+3)(n+2)} c_{n+2} \quad \cdots\cdots\cdots\cdots ②$$

と変形します．あとは，具体的に値の分からない c_{n+2} を評価して，②の極限値が 0 であることを証明しようと考えます．

定積分の値を評価するには，$a<b$ のとき，

$$\left| \int_a^b f(x)\,dx \right| \leq \int_a^b |f(x)|\,dx$$

および，$a \leq x \leq b$ においてつねに $f(x) \leq g(x)$ ならば

$$\int_a^b f(x)\,dx \leq \int_a^b g(x)\,dx$$

が成り立つことを使うのが普通です．

この例題では，

$$|c_{n+2}| = (n+3)\left| \int_0^1 x^{n+2} \cos\pi x\,dx \right|$$

$$\leq (n+3) \int_0^1 |x^{n+2} \cos\pi x|\,dx$$

$$\leq (n+3) \int_0^1 x^{n+2}\,dx$$

$$= (n+3) \left[\frac{x^{n+3}}{n+3} \right]_0^1$$

$$= 1$$

と評価されますから，②より

$$|c_n + 1| \leq \frac{\pi^2}{(n+3)(n+2)} \to 0 \quad (n \to \infty)$$

となり，

$$\lim_{n\to\infty} c_n = -1$$

となります．

（3） $c_n - c = c_n + 1$ ですから，②を使うだけです．

$$\frac{c_{n+1}+1}{c_n+1} = \frac{-\dfrac{\pi^2}{(n+4)(n+3)}c_{n+3}}{-\dfrac{\pi^2}{(n+3)(n+2)}c_{n+2}}$$

$$= \frac{(n+2)c_{n+3}}{(n+4)c_{n+2}}$$

$$= \frac{\left(1+\dfrac{2}{n}\right)c_{n+3}}{\left(1+\dfrac{4}{n}\right)c_{n+2}} \to \frac{1\cdot(-1)}{1\cdot(-1)} = 1 \quad (n\to\infty)$$

例題 5. n を正の整数とし，$y = n - x^2$ で表されるグラフと x 軸とで囲まれる領域を考える．この領域の内部および周に含まれ，x，y 座標の値がともに整数である点の個数を $a(n)$ とする．

（1） $\sqrt{n}$ をこえない最大の整数を k とする．$a(n)$ を k と n の多項式で表せ．

（2） $\displaystyle\lim_{n\to\infty} \frac{a(n)}{\sqrt{n^3}}$ を求めよ． （99　早大・理工，一部省略）#

（1）　領域

$$0 \leq y \leq n - x^2 \quad\cdots\cdots\cdots\cdots ①$$

に含まれる格子点の個数を求めます．

直線 $x = i$（$-k \leq i \leq k$）上にある①内の格子点は，

$$(i, 0), (i, 1), \cdots, (i, n-i^2)$$

の $n - i^2 + 1$ 個ですから，$a(n)$ を k と n を用いて表すと，（対称性を考慮して）

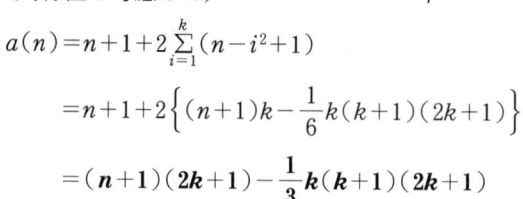

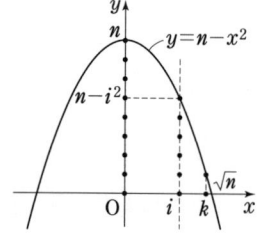

$$a(n) = n + 1 + 2\sum_{i=1}^{k}(n - i^2 + 1)$$

$$= n + 1 + 2\left\{(n+1)k - \frac{1}{6}k(k+1)(2k+1)\right\}$$

$$= (n+1)(2k+1) - \frac{1}{3}k(k+1)(2k+1)$$

となります.

（2） 大ざっぱには,
$$k \fallingdotseq \sqrt{n} \qquad \therefore \quad \frac{k}{\sqrt{n}} \fallingdotseq 1$$
ですから,（1）の結果より
$$\frac{a(n)}{\sqrt{n^3}} = \left(1 + \frac{1}{n}\right)\left(2\frac{k}{\sqrt{n}} + \frac{1}{\sqrt{n}}\right)$$
$$- \frac{1}{3} \cdot \frac{k}{\sqrt{n}}\left(\frac{k}{\sqrt{n}} + \frac{1}{\sqrt{n}}\right)\left(2\frac{k}{\sqrt{n}} + \frac{1}{\sqrt{n}}\right) \cdots\cdots ②$$
$$\fallingdotseq 1 \cdot 2 - \frac{1}{3} \cdot 1 \cdot 1 \cdot 2 = \frac{4}{3}$$
として答が分かりますが，きちんと議論するには，やはり k を評価することになります.

$\sqrt{n}$ を越えない最大の整数が k ですから，
$$k \leqq \sqrt{n} < k+1 \qquad \therefore \quad \sqrt{n} - 1 < k \leqq \sqrt{n}$$
$$\therefore \quad 1 - \frac{1}{\sqrt{n}} < \frac{k}{\sqrt{n}} \leqq 1$$
と評価でき，はさみうちの原理より，$\displaystyle\lim_{n\to\infty}\frac{k}{\sqrt{n}} = 1$ と分かります.

よって，②より
$$\lim_{n\to\infty}\frac{a(n)}{\sqrt{n^3}} = 1 \cdot 2 - \frac{1}{3} \cdot 1 \cdot 1 \cdot 2 = \frac{4}{3}$$
と求まります.

ところで，格子点に対してそれを中心にもつ 1 辺の長さが 1 の正方形を考えると，領域①内に含まれる格子点の個数 $a(n)$ は領域①の面積にほぼ等しく，
$$a(n) \fallingdotseq \int_{-\sqrt{n}}^{\sqrt{n}}(n - x^2)dx = \cdots = \frac{4}{3}(\sqrt{n})^3$$
$$\therefore \quad \frac{a(n)}{\sqrt{n^3}} \fallingdotseq \frac{4}{3}$$
となっているはずです．このことから（2）の結果を直感的に納得することができます．

講義篇／第7章

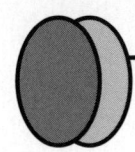

視覚化する

この章は，視覚化することによって見通しよく解決できる問題を扱います．なお，例題4以降は数学IIIの範囲です．

例題 1．（1） 次の不等式の表す領域 D を図示せよ．
$$|x| \leq y \leq -\frac{1}{2}x^2 + 3$$

（2） 点 A を $\left(-\dfrac{7}{2},\ 0\right)$ とし，点 B を直線 AB が $y = -\dfrac{1}{2}x^2 + 3$ に接するような領域 D の点とする．点 P が D を動くとき三角形 ABP の面積の最大値を求めよ．

（3） 領域 D の点 $(x,\ y)$ について $\dfrac{y}{x + \dfrac{7}{2}}$ がとる値の範囲を求めよ．

（00　北大・共通）

（1） これは説明の必要ありませんね．右図の網目部分となります（境界を含みます）．
ただし，$\alpha = \sqrt{7} - 1$ です．

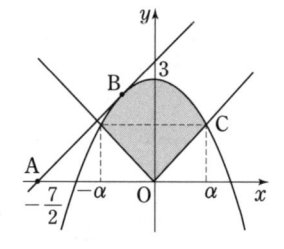

（2） まず点 B の座標を求めますが，これも詳しく説明する必要はないでしょう．例えば，点 B の座標を
$$\left(t,\ -\frac{1}{2}t^2 + 3\right) \quad (-\alpha \leq t \leq \alpha)$$
とおいて，点 B における放物線の接線が点 A を通るような t の値を求めると $t = -1$ となりますから，$\mathrm{B}\left(-1,\ \dfrac{5}{2}\right)$ と求まります．

それでは，△ABP の面積を最大にすることを考えましょう．3頂点のうち，A，B は動きませんから，辺 AB を底辺とみて，高さが最大になるとき

を考えればよいことにすぐにピンときてほしいところです．直線 AB と平行で領域 D と共有点をもつような直線のうちで直線 AB から最も離れた直線と D の共有点が，△ABP の面積が最大になるような点 P です．

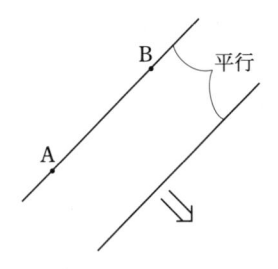

さて，直線 AB の傾きは 1 であり，線分 OC の傾きも 1 ですから，点 P が線分 OC 上にあるとき △ABP の面積が最大であり，最大値は，P=O として，△ABO の面積を求めればよいことになります．その面積は，AO を底辺とみて，

$$\frac{1}{2} \cdot AO \cdot (B の y 座標) = \frac{1}{2} \cdot \frac{7}{2} \cdot \frac{5}{2} = \frac{35}{8}$$

となります．

(3) これは，

$$\frac{y}{x+\frac{7}{2}} \quad \cdots\cdots\cdots\cdots\cdots\cdots\cdots ①$$

を視覚化することによって，アッサリ解決します．D の点 P(x, y) に対して，①は直線 AP の傾きに等しいことに着目するのです．すると，図を見ることによって，①がとる値の範囲は，

$$AO の傾き \leq ① \leq AB の傾き \quad \therefore \quad 0 \leq \frac{y}{x+\frac{7}{2}} \leq 1$$

と求まります．

例題 2. 次の連立方程式 (*) を考える．

$$(*) \quad \begin{cases} y = 2x^2 - 1 \\ z = 2y^2 - 1 \\ x = 2z^2 - 1 \end{cases}$$

(1) $(x, y, z) = (a, b, c)$ が (*) の実数解であるとき，$|a| \leq 1$，$|b| \leq 1$，$|c| \leq 1$ であることを示せ．
(2) (*) は全部で 8 組の相異なる実数解をもつことを示せ．

(97 京大（後）・理系)

第 7 章 視覚化する

（1），（2）ともに，なかなか難しい問題です．

（1）は背理法で証明するのが普通でしょうが，その際，$Y=f(X)=2X^2-1$ のグラフを考えると，証明の見通しがよくなります．

$$(x, y, z)=(a, b, c)$$

が（*）の実数解であるとき，

$$\begin{cases} b=f(a) \\ c=f(b) \\ a=f(c) \end{cases}$$

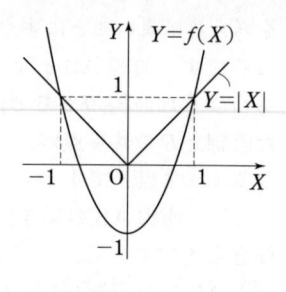

が成り立ちます．ここで，$|a|>1$ であるとすると，$Y=f(X)$ のグラフを見て，

$$b=f(a)>|a|>1$$

であることが分かります．以下，同様にして

$$c=f(b)>b>1$$
$$a=f(c)>c>1$$

となりますが，これらより

$$a>c>b>|a|=a$$

となり，矛盾が導かれますから，$|a|\leqq 1$ が成り立ちます．同様にして，

$$|b|\leqq 1, \quad |c|\leqq 1$$

が成り立ちます．

さて，次のように考えれば，（1），（2）が同時に解決されます．

$$(*) \iff \begin{cases} y=2x^2-1 & \cdots\cdots① \\ z=2(2x^2-1)^2-1 & \cdots\cdots② \\ x=2z^2-1 & \cdots\cdots③ \end{cases}$$

において，②，③をともに満たす実数 x, z は，xz 平面上で2曲線②，③の共有点の座標として得られます．②が点 $(0, 1)$，$\left(\pm\dfrac{1}{\sqrt{2}}, -1\right)$，$(\pm 1, 1)$ を通り，③が点 $(-1, 0)$，$(1, \pm 1)$ を通ること，および，②を③に代入すると x の8次方程式が得られることから，②，③の共有点は，右図の8個だけです．

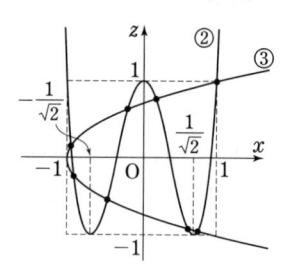

連立方程式①，②，③の実数解は，②，③の実数解の x を①に代入して得られますから，(*)は全部で8組の相異なる実数解をもつことになり，(2)が示されました．

また，図より
$$|x|\leq 1, \quad |z|\leq 1$$
であり，これと①から
$$|y|\leq 1$$
となります．これで(1)も示されました．

例題 3. 正3角形 ABC の頂点 A から辺 AB とのなす角が θ の方向に，3角形の内部に向かって出発した光線を考える．ただし $0<\theta<60°$ とする．この光線は3角形の各辺で入射角と反射角が等しくなるように反射し，頂点に到達するとそこでとまるものとする．また，3角形の内部では光線は直進するものとする．

（1） $\tan\theta=\dfrac{\sqrt{3}}{4}$ のとき，この光線はどの頂点に到達するかを述べよ．

（2） 正の整数 k を用いて $\tan\theta=\dfrac{\sqrt{3}}{6k+2}$ と表せるとき，この光線の到達する頂点を求め，またそこへ至るまでの反射の回数を k を用いて表せ．

(97 東大・理科)

光線の軌跡をそのまま考えたのでは，こんがらがってしまいます．この手の問題は，反射後の図形を反射面で折り返して，光線が直進するものとして扱うと見通しがよくなります．

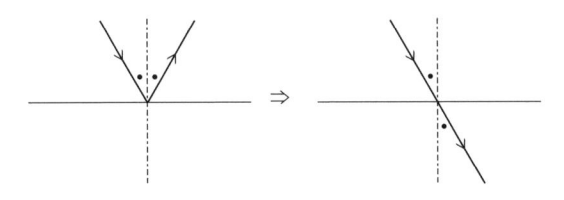

もとの正三角形を辺に関して折り返していくと，平面が正三角形で埋めつくされます．

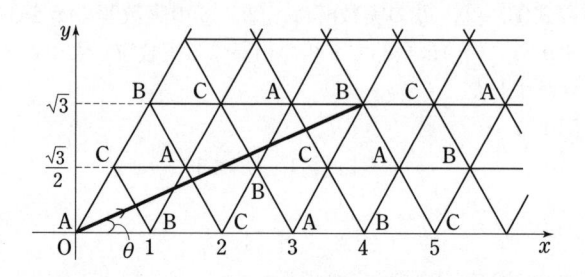

正三角形の 1 辺の長さを 1 として，上図のように xy 座標を定めておきます．

（1） $\tan\theta=\dfrac{\sqrt{3}}{4}$ のとき，光線は上図の太線のように進みますから，

頂点 B

に到達します．

（2） $\dfrac{\sqrt{3}}{6k+2}=\dfrac{\sqrt{3}/2}{3k+1}$ ですから，$y=\dfrac{\sqrt{3}}{2}$ 上の頂点に到達することはありません（$y=\dfrac{\sqrt{3}}{2}$ 上の頂点の x 座標は，整数 $+\dfrac{1}{2}$ の形です）．

$y=\sqrt{3}$ 上の頂点の x 座標は整数で，x 座標が $6k+2$ である頂点は C（x 座標が 2 である頂点は C で，x 座標を 1 ずつ増加させると C，A，B の繰り返し）ですから，光線は

頂点 C

に到達します．

また，反射の回数は，$k=0$ のとき 3 回（図に光線を描いてみましょう）であり，k が 1 だけ増加すると，光線が到達する頂点の x 座標が 6 だけ増加し，その際，右上がりの線との交点が 6 個増加し，右下がりの線との交点が 6 個増加しますから，反射の回数が 12 回増加することになります．よって，一般の $6k+2$ のとき，反射の回数は，

$12k+3$ 回

となります．

ここから先は，数学Ⅲの範囲です．

例題 4. この問題では，e は自然対数の底，$\log$ は自然対数を表す．

実数 a, b に対して，直線 $l : y = ax + b$ は曲線 $C : y = \log(x+1)$ と，x 座標が $0 \leq x \leq e-1$ を満たす点で接しているとする．
（1） このときの点 (a, b) の存在範囲を求め，ab 平面上に図示せよ．
（2） 曲線 C および 3 つの直線 l, $x=0$, $x=e-1$ で囲まれた図形の面積を最小にする a, b の値と，このときの面積を求めよ．

(00　名大・理系)#

（**1**） これは問題ないでしょう．接点の x 座標を t とおくと，
$$\begin{cases} at + b = \log(t+1) \\ a = \dfrac{1}{t+1} \\ 0 \leq t \leq e-1 \end{cases} \quad \cdots\cdots\cdots\cdots\cdots ①$$
で，これから t を消去すると，
$$b = -\log a + a - 1 \cdots\cdots\cdots ②$$
$$\left(\dfrac{1}{e} \leq a \leq 1 \right)$$
となります．微分して増減を調べてグラフを描くと，右図のようになります．

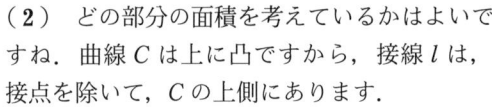

（**2**） どの部分の面積を考えているかはよいですね．曲線 C は上に凸ですから，接線 l は，接点を除いて，C の上側にあります．

右図のように記号を定めると，網目部分の面積 S は，
$$S = \dfrac{1}{2}(\mathrm{OP} + \mathrm{QR})\mathrm{OR} - \int_0^{e-1} \log(x+1)\,dx \cdots ③$$
となりますが，ここで，③を t（あるいは a）で表さなくても，③が最小になるときが分かるのです！

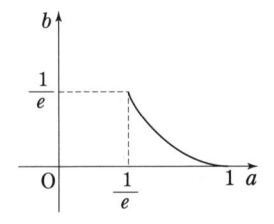

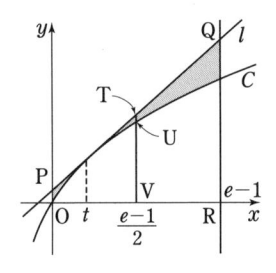

③で変化するのは，$\dfrac{1}{2}(\mathrm{OP} + \mathrm{QR})$ の部分ですが，これは，図の TV の長さです．接線上の点 T は，曲線上の点 U の上側にありますから（正確には，

第7章　視覚化する

下側にはないですから），
$$TV \geqq UV$$
であり，等号は，接点の x 座標 t が
$$t = \frac{e-1}{2} \quad \cdots\cdots\cdots\cdots\cdots\cdots\cdots\cdots④$$
のときに成り立ちます．

よって，面積 S を最小にする a, b の値は，①，②，④より，
$$a = \frac{2}{e+1}, \quad b = \log\frac{e+1}{2} - \frac{e-1}{e+1}$$
であり，S の最小値は，
$$UV \cdot OR - \int_0^{e-1} \log(x+1)\,dx$$
$$= \log\left(\frac{e-1}{2}+1\right) \cdot (e-1) - \Big[(x+1)\log(x+1) - (x+1)\Big]_0^{e-1}$$
$$= (e-1)\log\frac{e+1}{2} - 1$$
と求まります．

随分簡単に解決しましたね．

例題 5．n は自然数とし，
$$a_n = \left(1 + \frac{1}{2} + \frac{1}{3} + \cdots + \frac{1}{n}\right) - \log n$$
とおく．

（1） $a_n > \dfrac{1}{n}$ （$n \geqq 2$）を証明せよ．

（2） $a_n > a_{n+1}$ を証明せよ．

（3） $\dfrac{1}{2}\left(\dfrac{1}{n} + \dfrac{1}{n+1}\right) > \log(n+1) - \log n$ を証明せよ．

（4） $a_n > \dfrac{1}{2} + \dfrac{1}{2n}$ （$n \geqq 2$）を証明せよ． （00 東京理科大・理，改題）#

---

a_n に現れる和の部分を n の簡単な式で表すことはできません．視覚化して考えましょう．

$1+\dfrac{1}{2}+\dfrac{1}{3}+\cdots+\dfrac{1}{n}$ を視覚化するには，もちろん，$y=\dfrac{1}{x}$ のグラフを考えて，右図の網目部分の面積とみることになります．また，

$$\int_1^n \dfrac{1}{x}dx = \Bigl[\log x\Bigr]_1^n = \log n$$

ですから，a_n は図1の網目部分の面積です．

（**1**） 図1の右端の長方形の面積が $\dfrac{1}{n}$ ですから，

$$a_n > \dfrac{1}{n} \quad (n \geq 2)$$

が成り立ちます．

（**2**） a_n，a_{n+1} はそれぞれ下の図2，図3の網目部分の面積です．

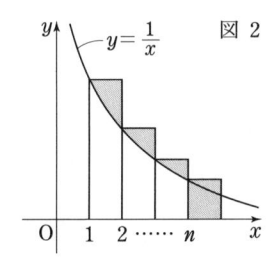

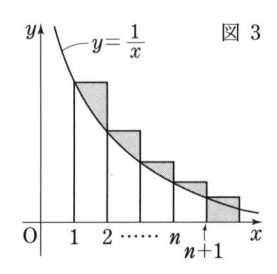

2つの図を見比べて，違う部分を取り出すと，

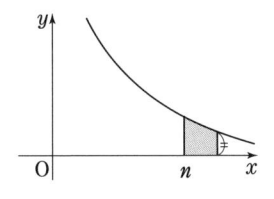

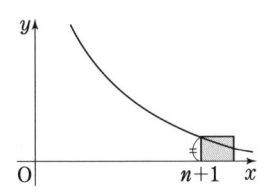

となりますから，$a_n > a_{n+1}$ が成り立ちます．

（3） $\dfrac{1}{2}\left(\dfrac{1}{n}+\dfrac{1}{n+1}\right)$, $\log(n+1)-\log n$ をそれぞれ視覚化することを考えます．やはり，$y=\dfrac{1}{x}$ のグラフを考えます．

$\dfrac{1}{2}\left(\dfrac{1}{n}+\dfrac{1}{n+1}\right)$ は右図の太線で囲まれた台形の面積，$\log(n+1)-\log n$ は右図の網目部分の面積ですから，証明すべき不等式が成り立ちます．

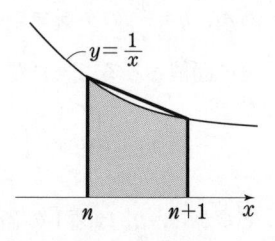

（4） 図1の網目部分の面積と $\dfrac{1}{2}+\dfrac{1}{2n}$ を比べることを考えます．

網目の各部分を左へ平行移動して，$1\leqq x\leqq 2$ の範囲にくるようにすると，右図のようになります．

$n-1$ 個の "曲がった三角形" の面積の和は，太線で囲まれた長方形の面積の $\dfrac{1}{2}$ より大きいですから，

$$a_n > \dfrac{1}{2}\left(1-\dfrac{1}{n}\right)+\dfrac{1}{n}=\dfrac{1}{2}+\dfrac{1}{2n} \quad (n\geqq 2)$$

が成り立ちます．

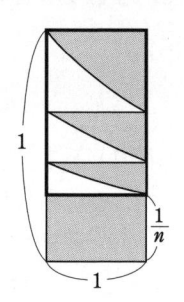

例題 6．（1） $f(x)=\dfrac{e^x}{e^x+1}$ のとき，$y=f(x)$ の逆関数 $y=g(x)$ を求めよ．

（2）（1）の $f(x)$, $g(x)$ に対し，次の等式が成り立つことを示せ．ただし，$0<a<b$ とする．

$$\int_a^b f(x)dx + \int_{f(a)}^{f(b)} g(x)dx = bf(b)-af(a)$$

（98　東北大・理系，改題）#

（1） これは問題ないでしょう．

$y=f(x)=\dfrac{e^x}{e^x+1}$ を x について解くと，

$$e^x = \dfrac{y}{1-y} \quad \therefore \quad x = \log\dfrac{y}{1-y}$$

となりますから，$y=f(x)$ の逆関数は，

$$y=g(x)=\log\dfrac{x}{1-x}$$

となります．

（2） （1）があるため，積分を具体的に求めた人もいるでしょうが，視覚化すれば一発です．

$y=f(x)=1-\dfrac{1}{e^x+1}$ は正の値をとる増加関数で，

$$y=f(x) \iff x=g(y)$$

ですから，証明すべき等式の左辺の第1項は右図の網目部分の面積であり，第2項は右図の打点部分の面積です．それらの和を長方形の面積の差とみれば，証明すべき等式の右辺になります．これで証明が終わりました．

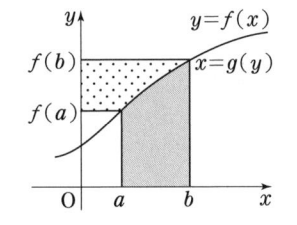

講義篇／第8章
見方を変える

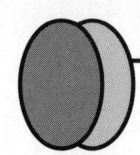

　この章は，見方を変えることによって鮮やかに解決できる問題を扱います．皆さんも，解説を読む前に問題をいろいろな角度から考えてみて下さい．普通とは違う考え方でぱっと道が開けたとき，数学の楽しさを感じることでしょう．

　なお，例題5, 6は数学Ⅲの範囲です．

　まずは，確率の問題からです．

例題 1．図のようなA〜Fの6つの交差点からなる経路において，Aから出発して何回かの移動でBまたはCに到達したら静止するゲームがある．ここで1回の移動とは，1つの交差点から斜め下方または横に隣接する交差点まで進むこととし，斜め上方に進むことはできない．また移動可能な方向が2つある交差点では$\frac{1}{2}$ずつの確率で，3つある交差点では$\frac{1}{3}$ずつの確率で進む方向が決まる． 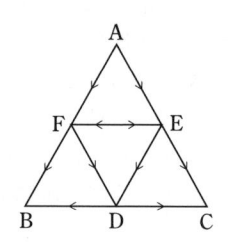
(1) 3回以下の移動でBに到達する確率を求めよ．
(2) n回以下の移動でBに到達する確率を求めよ．

（97 名古屋市大・薬）

---

　(1)は，3回以下ですから，すべての場合を列挙しても大したことはありません（適する場合は4通りで，求める確率は$\frac{7}{18}$になります）．

　(2)も，すべての場合を考えて，それらの確率の和を求めることにより解決できますが，実は，あっという間に解決する方法があるのです．(1)にとらわれることなく考えてみましょう．

n 回以下の移動で B に到達する場合を直接考えると，何回の移動で B に到達するかを考えることになり，確率の和を求めることになってしまうわけですから，そうでない場合，すなわち余事象を考えてみようと思えればしめたものです．あとは，B と C の対等性に着目できれば次のようにあっさりと解決します．

まず，B と C の対等性（経路の対称性）から，n 回以下の移動で B に到達する確率と，n 回以下の移動で C に到達する確率は同じです．

次に，

$$n \text{ 回以下の移動で B または C に到達する}$$

の余事象は

$$n \text{ 回の移動で D，E，F のいずれかにいる}$$

であり，その確率は

$$1 \cdot \left(\frac{1}{3}\right)^{n-2} \cdot \frac{2}{3} = 2\left(\frac{1}{3}\right)^{n-1}$$

となります（2 回目から $n-1$ 回目までは E と F の間を移動することになることに注意）．

以上から，n 回以下の移動で B に到達する確率は，

$$\frac{1}{2}\left\{1 - 2\left(\frac{1}{3}\right)^{n-1}\right\} = \frac{1}{2} - \left(\frac{1}{3}\right)^{n-1}$$

となります．ただし，以上では $n \geq 2$ としました．$n=1$ のときは，求める確率はもちろん 0 です．

それでは，もう 1 問，確率の問題をやることにしましょう．

例題 2. 箱の中に 1 から n までの数字が一つずつ書かれたカードが n 枚ある．この箱の中から一枚ずつカードを引いていき，取り出したカードはもとに戻さないことにする．

(1) 1 のカードが出たところでカードを引くのをやめる．カードを引くのをやめるまでにカードを引いた回数を X とするとき，$X=k$ の確率を求めよ．

(2) $n \geq 2$ とし，1 のカードか 2 のカードを引いたところでカードを引くのをやめる．カードを引くのをやめるまでにカードを引いた回数を Y とするとき，$Y=k$ の確率を求めよ． (96 福岡教大，改題)

第 8 章 見方を変える

普通に考えると，(1)において $X=k$ となる確率は
$$\frac{n-1}{n}\cdot\frac{n-2}{n-1}\cdot\cdots\cdot\frac{n-(k-1)}{n-(k-2)}\cdot\frac{1}{n-(k-1)}=\frac{1}{n} \quad\cdots\cdots\cdots\cdots①$$
(2)において $Y=k$ となる確率は
$$\frac{n-2}{n}\cdot\frac{n-3}{n-1}\cdot\cdots\cdot\frac{n-k}{n-(k-2)}\cdot\frac{2}{n-(k-1)}=\frac{2(n-k)}{n(n-1)} \quad\cdots\cdots②$$
と求めることになりますが，①，②とも随分簡単な形になりました．これには，理由があるはずです．見方を変えてみましょう．

この問題では，取り出したカードはもとに戻しません．このような，いわゆる"くじ引き型"の問題では，あらかじめ n 枚のカードを無作為に並べておいて，それを順に引いていくと考えるとよいのです．

そうすると，カードの並べ方の総数は
$$n!\text{ 通り} \quad\cdots\cdots\cdots\cdots\cdots\cdots\cdots\cdots\cdots\cdots\cdots③$$
あり，それらが同様に確からしく起こります．

(1)において $X=k$ となるのは，k 番目に 1 のカードが並ぶときで，そのような並べ方の総数は，（条件の強い k 番目のカードから数えることにより）
$$1\cdot(n-1)!\text{ 通り} \quad\cdots\cdots\cdots\cdots\cdots\cdots\cdots④$$
となります．③，④から直ちに①が得られます．

さらに考えを進めましょう．

$X=1$，すなわち 1 回目に 1 のカードが出る確率であれば，誰でもすぐに $\frac{1}{n}$ と答えますね．あらかじめ n 枚のカードを無作為に並べておいて，それを順に引いていくと考えれば，1 のカードが何回目に出るかが同様に確からしいのは当然です．ですから，$X=1$ 以外であっても，$X=k$ となる確率は $\frac{1}{n}$ になるのです．これは，結局，1 のカードが何回目に出るかだけに着目したことになっています．すなわち，③のうち

　　　　1 のカードが 1 番目に並んでいるものが $(n-1)!$ 通り
　　　　1 のカードが 2 番目に並んでいるものが $(n-1)!$ 通り
　　　　………
　　　　1 のカードが n 番目に並んでいるものが $(n-1)!$ 通り

であり，同様に確からしい③を，1 のカードが何番目に並んでいるかによって束にしていくと，$(n-1)!$ 通りずつ n 個の束に分かれることになります．

よって，1のカードが1番目からn番目までの何番目に並んでいるかは同様に確からしく，$X=k$となる確率はkによらず$\frac{1}{n}$となるわけです．

このように，何が同様に確からしいかに注意して束を作ると，全体の場合の数が減り，見通しがよくなります．

それでは，(2)において$Y=k$となる確率を同様にして求めてみましょう．あらかじめn枚のカードを無作為に並べておいて，それを順に引いていくと考えます．カードの並べ方の総数は③ですが，(2)では1のカードと2のカードが何番目に並んでいるかだけが問題です．さらに，1のカードと2のカードを区別せずに，ともに書かれた数字を0に変えてしまうと，結局，n枚のカードを並べるとき，0のカードが何番目と何番目に並ぶかは

$$_n C_2 \text{ 通り} \quad \cdots\cdots\cdots\cdots ⑤$$

あり，それらが同様に確からしく起こります（これは，③を$(n-2)!\cdot 2$通りずつの束に分けたことになっています）．このうち，$Y=k$となるのは，k番目に0のカードが並び，$k+1$番目からn番目のどこかに0のカードが並ぶ

$$n-k \text{ 通り} \quad \cdots\cdots\cdots\cdots ⑥$$

です．⑤，⑥より直ちに②が得られます．ちなみに，1のカードと2のカードを区別するときには，⑤の代わりに$n(n-1)$通り，⑥の代わりに$2(n-k)$通りを使うことになります．

それでは，確率以外の分野です．

例題 3. 曲線$C: y=x^2$について，
(1) 直線$y=mx+a$と曲線Cが異なる2点P，Qで交わるとき，線分PQの中点をM_aとする．aが動いたときの点M_aの軌跡を求めよ．
(2) 点M_aの軌跡，直線$y=mx+1$および曲線Cで囲まれる二つの部分の面積を各々求めよ． （96 熊本大・理系）

---

(1)，(2)ともに普通に解いても大したことはありませんが，見方を変えると，結果がすぐに見通せます．

第8章 見方を変える

（**1**）　曲線 C と直線 $y=mx+a$ の共有点の x 座標は

$$x^2=mx+a \quad \cdots\cdots\cdots①$$

の解ですが，①を

$$x^2-mx=a$$

と変形すると，曲線 $y=x^2-mx$ と直線 $y=a$ の共有点の x 座標と一致することが分かります．

よって，a を動かしたとき，共有点の中点の x 座標は $x=\dfrac{m}{2}$ で一定です！

これより，M_a の軌跡は，直線 $x=\dfrac{m}{2}$ の曲線 C より上側の部分，すなわち

$$x=\dfrac{m}{2}, \ y>\dfrac{m^2}{4}$$

となります．

（**2**）　まず，求めるべき二つの部分の面積が等しいことが分かりますか？

これは，一般に，$a \leqq x \leqq b$ において 2 曲線 $y=f(x)$ と $y=g(x)$ ではさまれた部分の面積と，$a \leqq x \leqq b$ において曲線 $y=f(x)-g(x)$ と x 軸ではさまれた部分の面積が等しいこと（面積を積分で表現すれば同じ式になりますね）を用いるとすぐに分かります．

いまの場合，右図の上下の網目部分の面積は等しく，また，打点部分の面積も等しいわけですが，下の図を見れば，放物線の対称性から，網目部分の面積 S_1 と打点部分の面積 S_2 が等しいことが分かります．

それでは，面積を求めましょう．図のように α, β を定めると，

$$\begin{aligned}S_1+S_2 &= \int_\alpha^\beta (mx+1-x^2)dx \\ &= \int_\alpha^\beta \{-(x-\alpha)(x-\beta)\}dx \\ &= \frac{1}{6}(\beta-\alpha)^3\end{aligned}$$

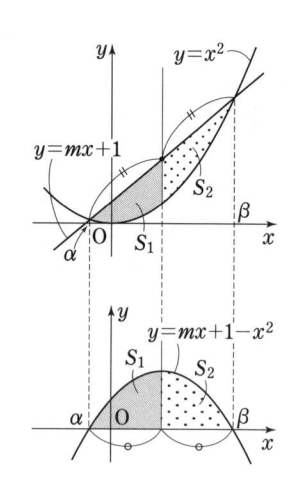

ですから，
$$S_1 = S_2 = \frac{1}{12}(\beta - \alpha)^3$$
となります．ここで，α, β は，解の公式より
$$\frac{m \pm \sqrt{m^2+4}}{2}$$
ですから，求める面積は
$$S_1 = S_2 = \frac{1}{12}(m^2+4)^{\frac{3}{2}}$$
となります．

次は，多変数関数の問題です．

例題 4. a, b, c, d は実数で，
$$|a| \leqq 2, \ |b| \leqq 2, \ |c| \leqq 2, \ |d| \leqq 2,$$
$$a+b=1, \ c+d=1$$
をみたすとする．このとき，$ac+bd$ のとり得る値の範囲を定めよ．

(86 名城大・理工)

素直には，2文字を消去して考えるところですが，"積の和を内積とみる"と明解です．
$$\vec{a} = (a, b), \quad \vec{b} = (c, d)$$
とおくと，
$$ac+bd = \vec{a} \cdot \vec{b}$$
です．

ここで，$\vec{a}$, $\vec{b}$ を位置ベクトルにもつ点をそれぞれ A, B とすると
$$A(a, b), \ B(c, d)$$
で，2点 A, B は右図の線分 PQ 上を動きます．

さて，$\angle AOB = \theta$ とおくと，
$$\vec{a} \cdot \vec{b} = OA \cdot OB \cos\theta \quad \cdots\cdots ①$$
です．

まず，①の最大値を考えましょう．

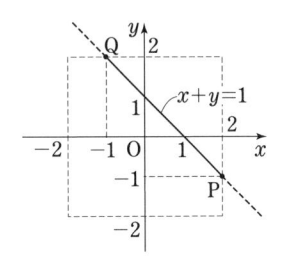

$$\begin{cases} \text{OA が最大になるのは A が P または Q のとき} \\ \text{OB が最大になるのは B が P または Q のとき} \\ \cos\theta \text{ が最大になるのは } \theta=0° \text{ のとき} \end{cases}$$

ですが，この3つが

A，B がともに P または Q のとき ……………②

に同時に起こりますから，②のときに①が最大になります．よって，①の最大値は，

$$OP^2(=OQ^2)=5$$

となります．

次に，①の最小値を考えましょう．

θ が鈍角のとき $\cos\theta$ は負であり，

$$\begin{cases} \text{OA が最大になるのは A が P または Q のとき} \\ \text{OB が最大になるのは B が P または Q のとき} \\ \cos\theta \text{ が最小になるのは } \theta=\angle POQ \text{ のとき} \end{cases}$$

ですが，この3つが

A，B の一方が P，他方が Q のとき ……………③

に同時に起こりますから，③のときに①が最小になります．よって，①の最小値は，

$$\vec{OP}\cdot\vec{OQ}=(2,\ -1)\cdot(-1,\ 2)$$
$$=-4$$

となります．

さらに，2点 A，B が線分 PQ 上を連続的に動くと，①の値は連続的に変化しますから，①は最大値と最小値の間の値をくまなくとり得ることになります．

以上から，求める値の範囲は，

$$-4 \leqq ac+bd \leqq 5$$

となります．

ここから先は，数学Ⅲの範囲です．

例題 5. α, β, γ は
$$\alpha>0, \quad \beta>0, \quad \gamma>0, \quad \alpha+\beta+\gamma=\pi$$
を満たすものとする．このとき，$\sin\alpha \sin\beta \sin\gamma$ の最大値を求めよ．

（99 京大（後）・理系）#

　もちろん，三角関数の計算問題として解くことができますが，積を和に直す公式などを用いることになり，決して見通しのよいものではありません．
　α, β, γ の変域をみて，三角形の内角がピンとくればしめたもの．あとは，
$$\sin \to \text{正弦定理}$$
と連想できれば，図形量の最大値を求める問題に言い換えられます．

　半径 1 の円に内接し，3 つの内角が α, β, γ である三角形 ABC を考えます（円の半径はいくつでもかまいませんが，ここでは 1 にしておきます）．このとき，正弦定理より，
$$\frac{b}{\sin\beta}=\frac{c}{\sin\gamma}=2$$
$$\therefore \quad \sin\beta=\frac{b}{2}, \quad \sin\gamma=\frac{c}{2}$$
ですから，
$$\sin\alpha \sin\beta \sin\gamma=\frac{1}{2}\cdot\frac{1}{2}bc\sin\alpha \quad \cdots\cdots\cdots\cdots\cdots\cdots ①$$
となり，△ABC の面積
$$S=\frac{1}{2}bc\sin\alpha$$
の最大値を求めることに帰着します．これはやったことがある人もいることでしょう．

　まず底辺 BC を固定して頂点 A のみ動かすと，A が優弧 $\overparen{BC}$ の中点のとき，面積 S が最大になります．このとき，右図のように x を定めると，

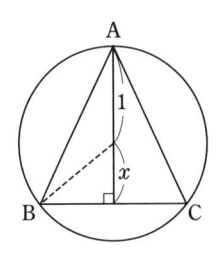

第 8 章　見方を変える

$$S = \frac{1}{2} \cdot 2\sqrt{1-x^2} \cdot (1+x)$$
$$= \sqrt{(1-x^2)(1+x)^2}$$
$$= \sqrt{(1-x)(1+x)^3}$$

となりますから，$\sqrt{}$ 内を $f(x)$ とおいて，$0 \leq x < 1$ における増減を調べると，$x = \frac{1}{2}$ で最大値をとることが分かり，S の最大値は $\frac{3\sqrt{3}}{4}$ と求まります（$f(x)$ を微分して増減を調べることは，皆さんに任せます）．

以上から，①の最大値は，$\frac{3\sqrt{3}}{8}$ となります．

最後に，次の問題をやってみましょう．

例題 6. $f(x)$ を区間 $[a, b]$ で単調に増加する連続な関数とするとき，
$$\int_a^b x f(x) dx \geq \frac{a+b}{2} \int_a^b f(x) dx$$
が成り立つことを証明せよ． （86　愛知教育大，一部省略）#

区間 $[a, b]$ を変域とする変数 t を導入して，
$$\int_a^t x f(x) dx \geq \frac{a+t}{2} \int_a^t f(x) dx \quad \cdots\cdots\cdots\cdots\cdots ①$$
を示そうと思えば簡単ですが（関数的見方！），そうでないとかなり苦労することになるでしょう（関数的見方をしない解法は，工夫を要します）．

①の左辺－右辺を $g(t)$ とおくと，
$$g'(t) = t f(t) - \frac{1}{2} \int_a^t f(x) dx - \frac{a+t}{2} f(t)$$
$$= \frac{1}{2} \left\{ (t-a) f(t) - \int_a^t f(x) dx \right\}$$

となります．ここで，$f(x)$ が単調増加であることから，
$$a \leq x \leq t \text{ において, } f(x) \leq f(t)$$
$$\therefore \int_a^t f(x) dx \leq \int_a^t f(t) dx = (t-a) f(t)$$

であることに注意すると，
$$g'(t) \geq 0 \quad (a \leq t \leq b)$$

が分かります．これと，$g(a)=0$ とから，
$$g(t) \geq 0 \quad (a \leq t \leq b)$$
となり，特に，$t=b$ とすると，$g(b)\geq 0$, すなわち
$$\int_a^b xf(x)dx \geq \frac{a+b}{2}\int_a^b f(x)dx$$
となり，証明が終了しました．

講義篇／第9章
何に着目するか

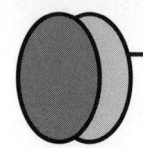

最終章は，何に着目すればよいのかが分かりにくい問題を扱います．じっくり取り組んでみましょう．

なお，例題 4, 5 は数学Ⅲの範囲です．

例題 1. p を 3 以上の素数とする．4 個の整数 a, b, c, d が次の 3 条件
$$a+b+c+d=0,\ ad-bc+p=0,\ a \geq b \geq c \geq d$$
を満たすとき，a, b, c, d を p を用いて表せ． （07 京大・理系）

与えられた 3 条件の中に，等式は 2 つしかありません．これで，4 個の未知数 a, b, c, d が求まるというのが，整数問題の面白いところです．

まずは，a, b, c, d のうち 1 文字を消去するところでしょう．
$$a+b+c+d=0 \quad \cdots\cdots ①$$
より，
$$d=-(a+b+c) \quad \cdots\cdots ②$$
であり，これを $ad-bc+p=0$ に代入すると，
$$-a(a+b+c)-bc+p=0$$
$$\therefore\ -(a^2+ab+ac+bc)+p=0$$
となります．ここで，上式の ( ) 内が
$$(a+b)(a+c)$$
と因数分解できることに気付かないとお手上げです！　すると，上式は，
$$-(a+b)(a+c)+p=0$$
$$\therefore\ (a+b)(a+c)=p \quad \cdots\cdots ③$$
と変形されることになります．ここで，p が素数であることが活躍します！　素数 p の正の約数は 1 と p のみですから，p を 2 整数の積として表す方法は，
$$(-p)\cdot(-1),\ (-1)\cdot(-p),\ 1\cdot p,\ p\cdot 1$$
の 4 通りです．

$$a \geq b \geq c \geq d \quad \cdots\cdots\cdots\cdots\cdots\cdots\cdots\cdots ④$$

より，③の左辺の2つの因数の間に
$$a+b \geq a+c$$
という関係があること，さらに，④より $a+b \geq c+d$ ですから，①とあわせて
$$a+b \geq 0$$
であることに注意すると，③より，
$$a+b=p, \quad a+c=1$$
となります．これと②より，b, c, d を a を用いて表すことができ，
$$\begin{cases} b = p-a \\ c = 1-a \\ d = a-p-1 \end{cases} \quad \cdots\cdots\cdots\cdots\cdots\cdots\cdots\cdots ⑤$$
が得られます．あとは，a が p で表されれば解決ですが，それには，どうすればよいのでしょうか？ まだ，④を完全には使い切っていないことに注意しましょう（これまでのところ，④から導かれる $a+b \geq a+c$, $a+b \geq c+d$ しか用いていません）．⑤を④に代入して，a について解くと，
$$a \geq p-a \geq 1-a \geq a-p-1$$
$$\therefore \quad \frac{p}{2} \leq a \leq \frac{p+2}{2}$$
となります．ここで，p が "3以上" の素数であることから，p は奇数ですから，上式を満たす整数 a は，
$$a = \frac{p+1}{2}$$
のみです．これを⑤に代入して，
$$a = \frac{p+1}{2}, \quad b = \frac{p-1}{2}, \quad c = -\frac{p-1}{2}, \quad d = -\frac{p+1}{2}$$
が求める答です．なかなか面白い問題でした．

例題 2. 次の連立不等式の表す領域が三角形の内部になるような点 (a, b) の集合を式で表し，図示せよ．
$$x-y<0, \quad x+y<2, \quad ax+by<1 \qquad (98\ 北大・理系)$$

はじめの2つの不等式が表す領域はすぐに図示できます．しかし，$x-y<0$ を図示する際に，$y>x$ と変形して直線 $y=x$ の上側として図示している人の中の多くの人は，$ax+by<1$ を図示する際に，b の符号で場合分けをしていることでしょう．それでも解決できますが，ここは正領域・負領域の考え方を使いたいところです．

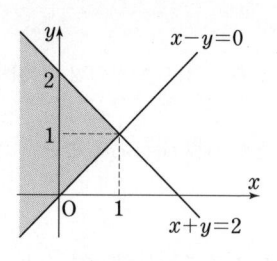

$x-y<0$ を図示するには，まず，境界線である直線 $x-y=0$ を図示して，次に，境界線上にない点の座標を $x-y$ に代入してその点が $x-y<0$, $x-y>0$ のどちらを満たすかをチェックすることにより，$x-y<0$ が $x-y=0$ のどちら側かを決定すればよいのです．

さて，本問の場合，不等式
$$ax+by<1 \quad \cdots\cdots\cdots\text{①}$$
が表す領域は，$a=b=0$ のときは全平面，そうでないときは直線 $ax+by=1$ の片側です．3つの不等式が表す領域が三角形の内部になるのは後者の場合ですから，
$$(a, b) \neq (0, 0) \quad \cdots\cdots\cdots\text{②}$$
でなければいけません．また，境界線 $ax+by=1$ が，$x-y=0$ および $x+y=2$ と平行でないことから，
$$a:b \neq 1:-1 \text{ かつ } a:b \neq 1:1$$
$$\therefore \ a+b \neq 0 \text{ かつ } a-b \neq 0 \quad \cdots\cdots\cdots\text{③}$$
でなければいけません．さらに，$ax+by=1$ と $x-y=0$ の共有点の x 座標，$ax+by=1$ と $x+y=2$ の共有点の x 座標が1未満であることから，
$$\frac{1}{a+b}<1 \text{ かつ } \frac{1-2b}{a-b}<1 \quad \cdots\cdots\cdots\text{④}$$
でなければいけません．あとは，点 $(1, 1)$ が①を満たせば，すなわち，
$$a+b<1 \quad \cdots\cdots\cdots\text{⑤}$$
が成り立てば，与えられた3つの不等式が表す領域が三角形の内部になるわけです．

以上，②かつ③かつ④かつ⑤が，求める条件です．

分数不等式④を整理しましょう．④の第1式は，

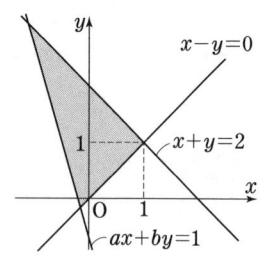

$$\frac{1}{a+b}<1 \iff 1-\frac{1}{a+b}>0$$
$$\iff \frac{a+b-1}{a+b}>0$$

となりますが，⑤に注意すると，
$$a+b<0 \quad\cdots\cdots⑥$$
となります．また，④の第2式は，
$$\frac{1-2b}{a-b}<1 \iff 1-\frac{1-2b}{a-b}>0$$
$$\iff \frac{a+b-1}{a-b}>0$$

となりますが，やはり⑤に注意すると，
$$a-b<0 \quad\cdots\cdots⑦$$
となります．

⑥かつ⑦のとき，②，③，⑤はいずれも成り立ちますから，結局，求める点(a, b)の集合は
$$\{(a, b)\mid a+b<0,\ a-b<0\}$$
であり，図示すると右図の網目部分となります．ただし，境界は除きます．

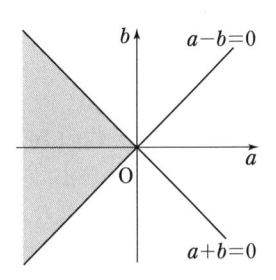

例題 3. n枚の100円玉と$n+1$枚の500円玉を同時に投げたとき，表の出た100円玉の枚数より表の出た500円玉の枚数の方が多い確率を求めよ．　　　　　　　　　　　（05 京大（後）・理系）

素朴に考えると，次のようになります．

n枚の100円玉のうちk枚表が出る確率は${}_n\mathrm{C}_k\left(\frac{1}{2}\right)^n$，$n+1$枚の500円玉のうち$l$枚表が出る確率は${}_{n+1}\mathrm{C}_l\left(\frac{1}{2}\right)^{n+1}$ですから，求める確率は，$0\leq k<l\leq n+1$を満たすすべての整数$k, l$の組$(k, l)$に対する
$${}_n\mathrm{C}_k\left(\frac{1}{2}\right)^n\cdot {}_{n+1}\mathrm{C}_l\left(\frac{1}{2}\right)^{n+1}=\left(\frac{1}{2}\right)^{2n+1}{}_n\mathrm{C}_k\cdot{}_{n+1}\mathrm{C}_l$$

の和です．すなわち，求める確率は，

$$\left(\frac{1}{2}\right)^{2n+1} \sum_{0\leq k<l\leq n+1} {}_nC_k \cdot {}_{n+1}C_l \quad \cdots\cdots\cdots\cdots\cdots\cdots\text{①}$$

です．ここで，$\sum_{0\leq k<l\leq n+1}$ は，$0\leq k<l\leq n+1$ を満たすすべての整数 k, l の組 (k, l) についての和を表します．

①の和を求めるのは，かなり厄介です．着想の転換が必要です．

もし，500円玉の枚数も100円玉と同じ n 枚であれば，明らかに，

　　　表の出た100円玉の枚数より表の出た
　　　500円玉の枚数の方が多い確率

と

　　　表の出た500円玉の枚数より表の出た
　　　100円玉の枚数の方が多い確率

は等しくなります．

このことを利用するために，$n+1$ 枚の500円玉のうち特定の1枚をAとして，

$\left.\begin{array}{l}n\text{ 枚の100円玉と }n+1\text{ 枚の500円玉について，}\\ \text{表の出た100円玉の枚数より表の出た500円玉}\\ \text{の枚数の方が多い}\end{array}\right\}\cdots\cdots\text{②}$

ということを，n 枚の100円玉と，A以外の n 枚の500円玉について，

　　E：表の出た100円玉の枚数より表の出た500円玉の枚数の方が多い
　　F：表の出た100円玉の枚数と表の出た500円玉の枚数が等しい
　　G：表の出た500円玉の枚数より表の出た100円玉の枚数の方が多い

の各場合と結びつけることを考えます．

②が起こるのは，

　　　　　「E」または「F かつ "A が表"」

の場合ですから（G のとき，②は起こらないことに注意しましょう），求める確率は，

$$P(E)+P(F)\cdot\frac{1}{2} \quad \cdots\cdots\cdots\cdots\cdots\cdots\text{③}$$

となります（$P(E)$ は E が起こる確率を表します）．

ここで，先程述べたように，

$$P(E)=P(G)$$

であり，また，全事象の確率は1ですから，

$$P(E)+P(F)+P(G)=1$$

が成り立ちます．これら2式より，
$$2P(E)+P(F)=1$$
となりますから，
$$③=\frac{1}{2}\{2P(E)+P(F)\}=\frac{1}{2}$$
が得られます．これが求める確率です．

　ちなみに，①に現れる和
$$\sum_{0\leq k<l\leq n+1}{}_nC_k\cdot{}_{n+1}C_l \quad\cdots\cdots\cdots\cdots\cdots\cdots④$$
を求めるには，例えば，④が，
$$(1+x)^n(1+x)^{n+1}$$
$$=({}_nC_0+{}_nC_1x+{}_nC_2x^2+\cdots+{}_nC_nx^n)$$
$$\quad\times({}_{n+1}C_0+{}_{n+1}C_1x+{}_{n+1}C_2x^2+\cdots+{}_{n+1}C_{n+1}x^{n+1})$$
$$=({}_nC_0+{}_nC_1x+{}_nC_2x^2+\cdots+{}_nC_nx^n)$$
$$\quad\times({}_{n+1}C_{n+1}+{}_{n+1}C_nx+{}_{n+1}C_{n-1}x^2+\cdots+{}_{n+1}C_0x^{n+1})$$
の展開式における n 次以下の項の係数の和，すなわち，
$$(1+x)^{2n+1} \text{ の展開式における } n \text{ 次以下の項の係数の和}$$
すなわち，
$${}_{2n+1}C_0+{}_{2n+1}C_1+\cdots+{}_{2n+1}C_n \quad\cdots\cdots\cdots\cdots\cdots\cdots⑤$$
であることに着目します．
$$(1+1)^{2n+1}={}_{2n+1}C_0+{}_{2n+1}C_1+\cdots+{}_{2n+1}C_n+{}_{2n+1}C_{n+1}+\cdots{}_{2n+1}C_{2n}+{}_{2n+1}C_{2n+1}$$
および，
$${}_{2n+1}C_0+{}_{2n+1}C_1+\cdots+{}_{2n+1}C_n={}_{2n+1}C_{2n+1}+{}_{2n+1}C_{2n}+\cdots+{}_{2n+1}C_{n+1}$$
より，
$$⑤=\frac{2^{2n+1}}{2}=2^{2n}$$
すなわち，
$$④=2^{2n}$$
ですから，
$$①=\left(\frac{1}{2}\right)^{2n+1}\cdot 2^{2n}=\frac{1}{2}$$
となります．

ここから先は，数学Ⅲの範囲です．

例題 4. 実数 a に対して $k \leq a < k+1$ をみたす整数 k を $[a]$ で表す．n を正の整数として，
$$f(x) = \frac{x^2(2 \cdot 3^3 \cdot n - x)}{2^5 \cdot 3^3 \cdot n^2}$$
とおく．$36n+1$ 個の整数 $[f(0)]$, $[f(1)]$, $[f(2)]$, …, $[f(36n)]$ のうち相異なるものの個数を n を用いて表せ． （98 東大・理科）#

一見したところ，おどろおどろしい感じで，どこから手つけてよいのか見当もつかない人が多いことでしょうが，3次関数 $f(x)$ のグラフを描いてみると状況がつかめてきます．
$$f'(x) = \frac{x(36n-x)}{2^5 \cdot 3^2 \cdot n^2}$$
より，$f(x)$ のグラフは右図のようになります．

よって，$36n+1$ 個の整数 $[f(0)]$, $[f(1)]$, …, $[f(36n)]$ は，$27n+1$ 個の整数 $0, 1, …, 27n$ のいずれかで（すべてが現れるというわけではありません），$36n+1$ 個の整数のうちいくつかは一致していることが分かります．どのようなところが一致していて，どのようなところが一致していないかを考えていくと，解決の糸口が見えてくるでしょう．

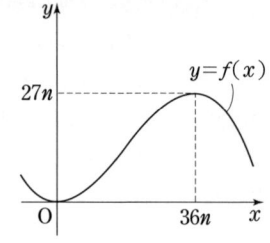

$0 \leq x \leq 36n$ において $f(x)$ は増加関数ですが，
$$f'(0) = 0, \quad f'(36n) = 0$$
ですから，$x=0$ および $x=36n$ の近くでは $f(x)$ の増加は遅く，$f(k)$ と $f(k+1)$ の値はあまり違わず，
$$[f(k)] = [f(k+1)] \quad \cdots\cdots\cdots ①$$
あるいは，せいぜい
$$[f(k)]+1 = [f(k+1)] \quad \cdots\cdots\cdots ②$$
となっているはずです．それに対して，$x=18n$ の近くでは $f(x)$ の増加は速く，$f(k)$ と $f(k+1)$ の値はかなり違っていて，
$$[f(k)] < [f(k+1)] \quad \cdots\cdots\cdots ③$$
となっているはずです．この両者を区別するのは，
$$f(k) \text{ と } f(k+1) \text{ の差 } f(k+1)-f(k) \text{ と } 1 \text{ の大小} \quad \cdots\cdots ④$$

です．実際，
$$0 < f(k+1) - f(k) < 1 \quad \cdots\cdots ⑤$$
であれば，$f(k)$ と $f(k+1)$ の差は 1 未満で，①または②が成り立ちます．それに対して，
$$f(k+1) - f(k) \geqq 1 \quad \cdots\cdots ⑥$$
であれば，$f(k)$ と $f(k+1)$ は 1 以上離れていますから，③が成り立つことになります．

④を調べるのに，$f(k+1) - f(k)$ の形から，平均値の定理がピンとくれば解決です．平均値の定理より，
$$f(k+1) - f(k) = f'(c_k) \quad (k < c_k < k+1)$$
を満たす c_k が存在しますが，
$$f'(x) = \frac{x(36n-x)}{2^5 \cdot 3^2 \cdot n^2} \leqq 1 \iff x(36n-x) \leqq 2^5 \cdot 3^2 \cdot n^2$$
$$\iff (x - 12n)(x - 24n) \geqq 0 \quad \text{(複号同順)}$$
および $f(12n) = 7n$，$f(24n) = 20n$ に注意すると，

（ⅰ） $0 \leqq k < 12n$ のとき，⑤が成り立ち，

　　　$[f(0)]$，$[f(1)]$，$\cdots$，$[f(12n)]$ の中には 0，1，$\cdots$，$7n$ がすべて現れる

（ⅱ） $12n \leqq k < 24n$ のとき，⑥が成り立ち，

　　　$[f(12n)]$，$[f(12n+1)]$，$\cdots$，$[f(24n)]$ はすべて異なる

（ⅲ） $24n \leqq k < 36n$ のとき，⑤が成り立ち，

　　　$[f(24n)]$，$[f(24n+1)]$，$\cdots$，$[f(36n)]$ の中には $20n$，$20n+1$，$\cdots$，$27n$ がすべて現れる

ことが分かります．

以上から，求める個数は，
$$(7n+1) + (12n+1) + (7n+1) - 2 = \mathbf{26n+1}$$
となります．

例題 5. 楕円 $C: \dfrac{x^2}{a^2}+y^2=1$ $(a>1)$ 上に点 $A(a, 0)$ をとる．C 上の点 $B(p, q)$ $(q>0)$ における接線 l と線分 BA のなす角が，l と直線 $x=p$ のなす角に等しいとする．ただし2直線のなす角は鋭角の方をとることにする．

座標 p を a で表せ． （98 東工大，一部省略）#

図を描いてみると，
$$p<0 \quad \cdots\cdots\cdots\cdots\cdots ①$$
であることが分かります．なす角が等しい条件をどのようにとらえるかが問題です．

右上図を見て，x 軸を縦軸に，y 軸を横軸に描くと，よく見慣れた図になることに着目できればしめたものです．

接線 l の方程式は
$$\dfrac{p}{a^2}x+qy=1$$

直線 BA の方程式は
$$q(x-a)-(p-a)y=0$$
ですから，図のように α，β を定めると，
$$\tan\alpha=-\dfrac{a^2q}{p}, \quad \tan\beta=\dfrac{p-a}{q} \cdots\cdots②$$

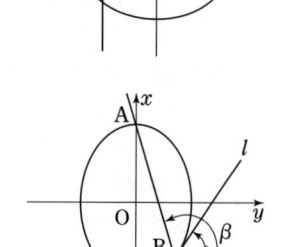

となります．$\beta=2\alpha$ より $\tan\beta=\dfrac{2\tan\alpha}{1-\tan^2\alpha}$ で，これに②を代入して整理すると，

$$\dfrac{p-a}{q}=\dfrac{-2\dfrac{a^2q}{p}}{1-\dfrac{a^4q^2}{p^2}}$$

$$=\dfrac{-2a^2pq}{p^2-a^4q^2}$$

$$\therefore \quad (p-a)(p^2-a^4q^2)=-2a^2pq^2 \quad \cdots\cdots\cdots\cdots ③$$

となります．

p を a で表すことが目標ですから，q は不要です．点 B(p, q) が楕円 C 上にあることから，
$$\frac{p^2}{a^2}+q^2=1 \quad \therefore \quad q^2=1-\frac{p^2}{a^2}$$
で，これを③に代入すれば，
$$(p-a)\{(a^2+1)p^2-a^4\}=2p(p^2-a^2)$$
となります．$p\neq a$ ですから，
$$(a^2+1)p^2-a^4=2p(p+a)$$
$$\therefore \quad (a^2-1)p^2-2ap-a^4=0$$
となり，$a>1$ および①に注意して p を求めると，
$$p=\frac{a-\sqrt{a^2+(a^2-1)a^4}}{a^2-1}$$
$$=\frac{a(1-\sqrt{a^4-a^2+1})}{a^2-1}$$
となります．

問題篇

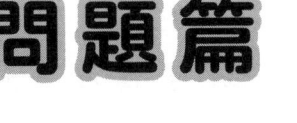

問題篇／第1章

実験する

1. $a>0$ で $\dfrac{1}{b}-\dfrac{1}{a}=1$ のとき，次の4つの数の大小関係を調べよ．

$$\sqrt{1+a},\quad \dfrac{1}{1-\dfrac{1}{2}b},\quad 1+\dfrac{a}{2},\quad \dfrac{1}{\sqrt{1-b}}$$

(81　青山学院大・経営)

2. $1, 2, 3, \cdots, n$ の順列 $a_1, a_2, a_3, \cdots, a_n$ のうち $a_i \leq i+1$ ($i=1, 2, 3, \cdots, n$) を満たすものの個数を求めよ． (91　青山学院大・理工)

3. n 人の集団から総額 r 万円の寄付を集めることになった．ただし，一口1万円で一人あたり二口までとする（0口も認める）．可能な集め方の総数を ${}_nA_r$ とおくとき，以下の問に答えよ．ただし n, r は正の整数または0とし，${}_0A_0=1$ とする．

（1）$n \geq 1$ のとき，${}_nA_2$ を n の式で表せ．

（2）${}_nA_r = {}_nA_{2n-r}$ を示せ．ただし，$0 \leq r \leq 2n$ とする．

（3）${}_nA_n$ は奇数であることを示せ． (91　早大・理工)

4. p を素数，a, b を互いに素な正の整数とするとき，$(a+bi)^p$ は実数ではないことを示せ．ただし i は虚数単位を表す． (00　京大・理系)

5. a を $a>1$ を満たす定数とする．数列 $\{c_n\}$ を

$$c_1=a,\quad c_{n+1}=\dfrac{(n^2+n+1)c_n-1}{c_n+(n^2+n-1)}\quad (n \geq 1)$$

で定める．この数列の一般項 c_n を n と a を用いて表せ． (92　岐阜大)

6. 整数 n に対し $f(n)=\dfrac{n(n-1)}{2}$ とおき，$a_n=i^{f(n)}$ と定める．ただし，i は虚数単位を表す．このとき，$a_{n+k}=a_n$ が任意の整数 n に対して成り立つような正の整数 k をすべて求めよ． (01　京大・理系)

7. 実数 x に対して，x を越えない最大の整数を $[x]$ で表す．$a_m=[\sqrt{m}]$ ($m=1, 2, 3, \cdots$) に対して，数列 $b_1, b_2, b_3, \cdots$ を，$b_1=0$, $k\geqq 2$ のとき $a_m<k\leqq a_{m+1}$ となる m に対して $b_k=m$ と定める．

次の問いに答えよ．

（1） 数列 $\{b_k\}$ の一般項を求めよ．

（2） すべての自然数 n に対して $\sum_{m=1}^{n^2} a_m + \sum_{k=1}^{n} b_k = n^3$ が成り立つことを示せ．

（3） $\sum_{m=1}^{n^2} [\sqrt{m}]$ を求めよ．　　　　　　　　　　　　（99　阪大（後）・理系）

8. （1） k を自然数とする．$[\log_2 x]=[\log_2(x+1)]=k$ を満たす正数 x の範囲を求めよ．ただし，$[x]$ は x を越えない最大の整数を表す．

（2） 数列 $\{a_n\}$ の各項は
$$\begin{cases} a_1=0 \\ a_n=1+a_{\left[\frac{n}{2}\right]} \end{cases} (n=2, 3, 4, \cdots\cdots)$$
によって定義されるとする．$a_n=[\log_2 n]$ であることを示せ．

（86　東京女大）

9. t は $0\leqq t\leqq \dfrac{\pi}{2}$ を満たし，2点 P，Q は曲線 $y=\cos x$ 上の点で，$\mathrm{P}(t, \cos t)$, $\mathrm{Q}\left(t-\dfrac{\pi}{2}, \cos\left(t-\dfrac{\pi}{2}\right)\right)$ である．原点を O とするとき，三角形 OPQ は鋭角三角形になることがあるか．　　　　　　（95　札幌医大）#

問題篇／第2章
論理を使う

1. 方程式 $\sqrt{x+3}=-\dfrac{k}{x}$ がただ1つの実数解をもつように正数 k の値を求めよ。

(97　防衛医大（択一式）)

2. a は0と異なる実数とし，$f(x)=ax(1-x)$ とおく．
 (1) $f(f(x))-x$ は，$f(x)-x$ で割り切れることを示せ．
 (2) $f(p)=q$, $f(q)=p$ をみたす異なる実数 p, q が存在するような a の範囲を求めよ． (97　一橋大（後）)

3. p, q を実数の定数とする．2次関数 $f(x)=x^2+px+q$ について，以下の問いに答えよ．
 (1) $f(a)=a$ を満たす実数 a が存在するための p, q についての必要十分条件を求めよ．
 (2) $f(a)=b$, $f(b)=a$ を満たす異なる実数 a, b が存在することと，p, q が不等式 $(p-1)^2-4(q+1)>0$ を満たすことは同値であることを証明せよ． (13　広島市大)

4. 座標平面において，4点 $(1, 0)$, $(1, 1)$, $(-1, 1)$, $(-1, 0)$ を頂点とする長方形の内部を A とおく．また，3点 $(0, 0)$, $(1, 0)$, $(0, 1)$ を頂点とする三角形の内部を B とおく．
 (1) 点 $P(x, y)$ が A 内を動くとき，$s=x+3y$, $t=x^2$ を満たす点 $Q(s, t)$ の動く範囲を求め，それを図示せよ．
 (2) (1)において，次の条件(a)を満たすような点 $P(x, y)$ の範囲を求め，それを図示せよ．
　●条件(a)　『点 $P(x, y)$ に対応する点 $Q(s, t)$ は B 内にある．』
 (3) (1)において，次の条件(b)を満たすような点 $P(x, y)$ の範囲を求め，それを図示せよ．
　●条件(b)　『点 $P(x, y)$ と異なる A 内の点は，点 $P(x, y)$ に対応する点 $Q(s, t)$ と異なる点に対応する．』 (00　上智大・理工)

5. 関数 $f(\theta)=a(\sqrt{3}\sin\theta+\cos\theta)+\sin\theta(\sin\theta+\sqrt{3}\cos\theta)$ について，次の問いに答えよ．ただし，$0°\leq\theta\leq180°$ とする．
 (1) $t=\sqrt{3}\sin\theta+\cos\theta$ のグラフをかけ．
 (2) $\sin\theta(\sin\theta+\sqrt{3}\cos\theta)$ を t を用いて表せ．
 (3) 方程式 $f(\theta)=0$ が相異なる3つの解をもつときの a の値の範囲を求めよ． （99　島根大・総合理工）

6. 関数 $f(x)=\dfrac{1}{1+x^2}$ がすべての実数 x に対して，$|f(x)-a|\leq bx^2$ をみたすための実数 a，b に関する必要十分条件を求めよ． （94　名城大・商）

7. 次の問いに答えよ．
 (1) $x\geq0$，$y\geq0$ のとき，つねに不等式
 $$\sqrt{x+y}+\sqrt{y}\geq\sqrt{x+ay}$$
 が成り立つような正の定数 a の最大値を求めよ．
 (2) a を(1)で求めた値とする．$x\geq0$，$y\geq0$，$z\geq0$ のとき，つねに不等式
 $$\sqrt{x+y+z}+\sqrt{y+z}+\sqrt{z}\geq\sqrt{x+ay+bz}$$
 が成り立つような正の定数 b の最大値を求めよ．
（98　横浜国大（後）・共通）

8. $0<a\leq b\leq1$ を満たす有理数 a，b に対し $f(n)=an^3+bn$ とおく．このとき，どのような整数 n に対しても $f(n)$ は整数となり，n が偶数ならば $f(n)$ も偶数となるような a，b の組をすべて求めよ．（91　金沢大（後）・理）

9. 実数 a，b，c に対して，$-1\leq x\leq1$ において $-1\leq ax^2+bx+c\leq1$ が成り立つならば，$-1\leq x\leq1$ において $-4\leq2ax+b\leq4$ が成り立つことを証明せよ． （81　学習院大・文）

10. $a\geq0$，$b\geq0$，$c\geq0$ であるとき，次の不等式を証明せよ．ただし，記号 $\min\{u,v\}$ は，実数 u，v の小さい方（等しいときはどちらか）を表す．
 $$\min\{a+b,c\}\leq\min\{a,c\}+\min\{b,c\}$$
（91　甲南大・文）

第2章　論理を使う

問題篇／第3章

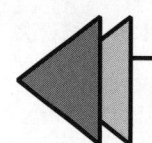

活かす

1. $\sin^3\theta + \cos^3\theta = \dfrac{11}{16}$ のとき，$\sin\theta$，$\cos\theta$ を求めよ． （97　同志社大・経）

2. α，β は実数で $\alpha>1$，$0<\beta<1$ とする．
$$\alpha+\beta+\dfrac{1}{\alpha\beta}=A,\ \alpha^2+\beta^2+\dfrac{1}{\alpha^2\beta^2}=B,\ \alpha^3+\beta^3+\dfrac{1}{\alpha^3\beta^3}=C$$
とおく．このとき $\dfrac{1}{\alpha}+\dfrac{1}{\beta}+\alpha\beta$ は A と B を用いて $\boxed{}$ とかける．また，C は A と B を用いて $\boxed{}$ とかける．$B=8$，$C=19$ のとき，$A=\boxed{}$ となる．したがって，$\alpha=\boxed{}$，$\beta=\boxed{}$ となる．（94　立命館大・文系）

3. c を $c>\dfrac{1}{4}$ をみたす実数とする．xy 平面上の放物線 $y=x^2$ を A とし，直線 $y=x-c$ に関して A と対称な放物線を B とする．点 P が放物線 A 上を動き，点 Q が放物線 B 上を動くとき，線分 PQ の長さの最小値を c を用いて表せ．
（99　東大・文科）

4. xy 平面の放物線 $y=x^2$ 上の3点 P，Q，R が次の条件をみたしている．
△PQR は一辺の長さ a の正三角形であり，点 P，Q を通る直線の傾きは $\sqrt{2}$ である．
このとき，a の値を求めよ． （04　東大・共通）

5. 平面上に，点 O を中心とし点 A_1，A_2，A_3，A_4，A_5，A_6 を頂点とする正六角形がある．O を通りその平面上にある直線 l を考え，各 A_k と l との距離をそれぞれ d_k とする．
このとき
$$D=d_1^2+d_2^2+d_3^2+d_4^2+d_5^2+d_6^2$$
は l によらず一定であることを示し，その値を求めよ．ただし，$OA_k=r$ とする． （99　阪大・理系）

6. x, y, z はある三角形の3つの角の大きさで,$x<y<z$ とする.$\sin x$,$\cos y$,$\sin z$ が等比数列をなし,$\sqrt{2}\cos x$,$\cos y$,$\sqrt{2}\cos z$ が等差数列をなすとき,x, y, z の値を求めよ. (97 名大(後)・情報文化)

7. 実数 a, b, c は $1\geqq a\geqq b\geqq c\geqq\dfrac{1}{4}$ を満たすとする.$x+y+z=0$ なる実数 x, y, z に対して
$$ayz+bzx+cxy\leqq 0$$
が成り立つことを示せ.また,等号が成り立つのはどんな時か.
(93 都立大・理,工)

8. すべての正の実数 x, y に対し
$$\sqrt{x}+\sqrt{y}\leqq k\sqrt{2x+y}$$
が成り立つような実数 k の最小値を求めよ. (95 東大・共通)

9. a, b, c, d を正の数とし,n を自然数とする.$a^3+b^3+c^3=d^3$ のとき,$a^n+b^n+c^n$ と d^n の大小関係を調べよ. (99 和歌山大,一部省略)

10. $x_i>0$ $(i=1, 2, \cdots, n)$ のとき,不等式
$$1<\dfrac{x_1}{x_1+x_2}+\dfrac{x_2}{x_2+x_3}+\cdots+\dfrac{x_{n-1}}{x_{n-1}+x_n}+\dfrac{x_n}{x_n+x_1}<n-1$$
が成り立つことを証明せよ.ただし,$n\geqq 3$ とする. (97 愛媛大・理)

問題篇／第4章

設定する

1. a, b, c を 0 でない実数とし，
$$\frac{a+b+c}{a}=\frac{a+b+c}{b}=\frac{a+b+c}{c}$$
のとき，
$$\frac{(b+c)(c+a)(a+b)}{abc}$$
の値を求めよ． （97 松山大・人文）

2. 整式 $f(x)$ を $(x-3)^2$ で割ったときの余りは $2x+1$，$(x-1)^2$ で割ったときの余りは $4x+3$ である．$f(x)$ を $(x-3)^2(x-1)$ で割ったときの余りを求めよ． （97 倉敷芸科大）

3. $(x+1)^7$ を x^3-1 で割ったときの余りを求めよ． （97 岐阜女大）

4. a, b, c, d は 0 ではない実数で
$$\frac{1}{a}-\frac{1}{b}=\frac{1}{b}-\frac{1}{c}=\frac{1}{c}-\frac{1}{d}$$
を満たすものとする．このとき
$$ab+bc+cd=3ad$$
が成り立つことを示せ． （90 甲南大・理）

5. a, b, c および k は定数とする．2 次関数 $y=ax^2+bx+c$ が 2 点 $(0, k)$ および $(2, 1)$ を通り，$1 \leqq x \leqq 2$ で x 軸と接するための k の条件を求めよ．また，このときの a, b, c を k で表せ． （97 同志社大・神，法）

6. 三角形 ABC において，面積が 1 で AB$=2$ であるとき，
$$BC^2+(2\sqrt{3}-1)AC^2$$
の値を最小にするような $\angle$BAC の大きさを求めよ． （99 北大・理系）

7. 平面ベクトル $\vec{a}$, $\vec{b}$, $\vec{c}$ は次の（ i ），（ii）をみたす．
 （ i ） $\vec{a}\cdot\vec{c}=\vec{b}\cdot\vec{c}=-\sqrt{3}\,\vec{a}\cdot\vec{b}$
 （ii） $|\vec{a}|=|\vec{b}|=|\vec{c}|=1$
$\vec{a}\cdot\vec{b}$ の値を求めよ． （10　一橋大（後）・経，一部省略）

8. $\vec{a}$, $\vec{b}$, $\vec{c}$ を空間内の単位ベクトルとし，任意の単位ベクトル $\vec{d}$ に対して，$(\vec{a}\cdot\vec{d})^2+(\vec{b}\cdot\vec{d})^2+(\vec{c}\cdot\vec{d})^2$ が一定の値 k をとるとする．ただし，$\vec{s}\cdot\vec{t}$ はベクトル $\vec{s}$, $\vec{t}$ の内積を表す．このとき，次の（1），（2）に答えよ．
（1）　k を求めよ．
（2）　$\vec{p}=\vec{a}+2\vec{b}+3\vec{c}$ のとき，$(\vec{a}\cdot\vec{p})^2+(\vec{b}\cdot\vec{p})^2+(\vec{c}\cdot\vec{p})^2$ の値を求めよ． （86　九大・理系）

9. 原点を O とする xy 平面上に円 $C:x^2+y^2=1$ が与えられている．円 C の内部に点 P をとり，P を端点とする 2 つの直交する半直線が円 C と交わる点を A，B とする．さらに，点 Q を 4 点 A，B，P，Q が長方形（または正方形）の 4 つの頂点となるようにとる．
　次の問いに答えよ．
（1）　P=O のとき，点 Q のとりうる範囲を求め，xy 平面上に図示せよ．
（2）　$|\overrightarrow{OP}|=r$ とするとき，$|\overrightarrow{OQ}|$ の値を r を用いて表せ．
（3）　点 P が円 C の内部を動くとき，点 Q のとりうる範囲を求め，xy 平面上に図示せよ． （01　早大・商）

自然流，逆手流

1. 実数 x, y が $x^3+y^3=3xy$ を満たすとき，$x+y$ のとり得る値の範囲を求めよ．
(97 学習院大・文)

2. 4つの実数 a, b, c, d が次の2つの条件をみたすとき，(1)，(2)の問いに答えよ．
　　　　(i) $a+b+c+d=4$　　(ii) $0 \leq a \leq b \leq c \leq d$
(1) $b+c$ のとり得る最大の値を求めよ．
(2) $a+d$ のとり得る最小の値を求めよ．　(98 久留米大・医，一部省略)

3. 平面上の点 $A(0, 1)$ と円 $C : x^2+(y+1)^2=1$ 上の点 P に対して点 Q を次の条件(イ)，(ロ)をみたすようにとる．
　(イ) 三角形 APQ は正三角形．
　(ロ) 三角形 APQ の周上を A, P, Q, A とたどると反時計回りに三角形を一周する．
(1) 点 P が原点 O にあるときの点 Q の座標を求めよ．
(2) 点 P が円 C 上を動くとき，点 Q の軌跡を求めよ．
(00 奈良女大（後）・理)

4. xy 平面の原点を O とする．xy 平面上の O と異なる点 P に対し，直線 OP 上の点 Q を，次の条件(a)，(b)を満たすようにとる．
　(a) $OP \cdot OQ = 4$
　(b) Q は，O に関して P と同じ側にある．
このとき，次の問いに答えよ．
(1) 点 P が直線 $x=1$ の上を動くとき，点 Q の軌跡を求めて，図示せよ．
(2) $a>r>0$ とする．点 P が円 $(x-a)^2+y^2=r^2$ の上を動くとき，点 Q の軌跡が円であることを示し，その中心の座標と半径を求めよ．
(09 大阪市大・理，工，医)

5. 曲線 $y=x^2$ 上の異なる 2 点 $P(p, p^2)$, $Q(q, q^2)$ における接線をそれぞれ l, m とし, l と m の交点を R とする. このとき次の各問に答えよ.
（1） R の座標を p, q を用いて表せ.
（2） 点 $A(a, b)$ を $b>a^2$ をみたすようにとる. 線分 PQ が A を通るための条件を求めよ.
（3） P, Q が（2）の条件をみたして動くとき R はある直線上を動くことを示し, その直線の方程式を求めよ.
（4） $A(a, b)$ が $b>a^2$ をみたしながら直線 $y=4x$ 上を動くとき,（3）で求めた直線の通りうる範囲を図示せよ.　　　　　（99　神戸大（後）・文系）

6. xy 平面上に点 $(a, 2)$ を中心とし, 原点 O を通る円 C がある. C が放物線 $y=x^2$ と異なる 4 点で交わるとき, 次の問いに答えよ.
（1） a の満たす条件を求めよ.
（2） a が（1）で求めた条件を満たしながら変化するとき, C の動く範囲を図示せよ.　　　　　（02　横浜国大・経）

7. 平面上に, 原点 O, 点 $A(1, 0)$, 点 $B(0, 1)$ を頂点とする $\triangle OAB$ がある. 辺 OA 上の動点 P と, 辺 OB 上の動点 Q は, 線分 PQ が $\triangle OAB$ の面積を 2 等分するように動く. 線分 PQ が通る点の全体からなる領域を図示せよ.　　　　　（13　一橋大（後）・経）

8. 実数 a が $0<a<1$ の範囲を動くとき, 曲線 $y=x^3-3a^2x+a^2$ の極大点と極小点の間にある部分（ただし, 極大点, 極小点は含まない）が通る範囲を図示せよ.　　　　　（97　一橋大（後））

9. 点 $A(1, 0)$, $B(0, 1)$, $C(1, 1)$ がある. 点 P が A と原点 O を結ぶ線分上を動き, 点 Q が C を中心として A と B を結ぶ円弧上を動く. このとき, P と Q を結ぶ線分の中点 M が存在しうる領域を図示せよ.　　　　　（95　大阪学院大, 一部省略）

10. xy 平面上に 2 点 A$(-1, -2)$, B$(1, -2)$ がある．線分 OA を $(1-\alpha) : \alpha$ の比に分ける点を P, 線分 OB を $\alpha : (1-\alpha)$ の比に分ける点を Q とする．更に, 線分 PQ を $\beta : (1-\beta)$ の比に分ける点を R とする.

実数 α, β が $0 \leq \alpha \leq 1$, $0 \leq \beta \leq 1$ を動くとき, 点 R の存在する範囲を図示せよ. ただし, O は原点である.

(97　熊本県大)

問題篇／第6章

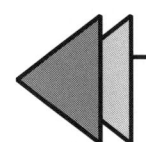

評価する

1. (1) 2つの自然数の組 (a, b) は，条件 $a<b$ かつ $\dfrac{1}{a}+\dfrac{1}{b}<\dfrac{1}{4}$ をみたす．このような組 (a, b) のうち，b の最も小さいものをすべて求めよ．

(2) 3つの自然数の組 (a, b, c) は，条件 $a<b<c$ かつ $\dfrac{1}{a}+\dfrac{1}{b}+\dfrac{1}{c}<\dfrac{1}{3}$ をみたす．このような組 (a, b, c) のうち，c の最も小さいものをすべて求めよ．

（96 一橋大）

2. $a>b>c>1$ をみたす整数 a, b, c について，$\dfrac{2a-1}{b}, \dfrac{2c-1}{a}, \dfrac{4b+1}{c}$ がすべて整数であるとする．a, b, c を求めよ．

（00 和歌山大，一部省略）

3. m を正の整数とする．m^3+3m^2+2m+6 はある整数の3乗である．m を求めよ．

（01 一橋大（後））

4. $f(x)=x^2-2$ とする．p, q を整数，$q \neq 0$ とする．

(1) $\left|q^2 f\left(\dfrac{p}{q}\right)\right| \geqq 1$ が成り立つことを示せ．ただし，$\sqrt{2}$ が無理数であることは証明せずに用いてよい．

(2) $\left|\dfrac{p}{q}-\sqrt{2}\right|<1$ のとき，$\left|\dfrac{p}{q}-\sqrt{2}\right|>\dfrac{1}{(2\sqrt{2}+1)q^2}$ が成り立つことを示せ．

（96 津田塾大（数学））

5. 数列 $\{a_n\}$ を $a_1=1, a_n=1+\dfrac{1}{n^2}a_{n-1}^2$ $(n=2, 3, 4, \cdots)$ で定める．このとき，$\displaystyle\lim_{n\to\infty} a_n$ を求めよ．

（88 東工大）#

第6章 評価する　117

6. n を自然数とする．次の各問に答えよ．

（1） 自然数 k は $2 \leq k \leq n$ をみたすとする．9^k を 10 進法で表したときのけた数は，9^{k-1} のけた数と等しいか，または 1 だけ大きいことを示せ．

（2） 9^{k-1} と 9^k のけた数が等しいような $2 \leq k \leq n$ の範囲の自然数 k の個数を a_n とする．9^n のけた数を n と a_n を用いて表せ．

（3） $\displaystyle\lim_{n\to\infty} \frac{a_n}{n}$ を求めよ． （98　神戸大（後）・理系）#

7. $n = 2, 3, \cdots\cdots$ に対して，次の不等式を示せ．

（1） $\displaystyle\frac{2}{(n+1)\pi} \leq \int_{n\pi}^{(n+1)\pi} \frac{|\sin x|}{x} dx \leq \frac{2}{n\pi}$

（2） $\displaystyle\int_{2\pi}^{2n\pi} \frac{\sin x}{x} dx \leq \frac{1}{\pi}$ （93　金沢大（後）・理）#

8. n を 1 以上の整数とする．区間 $0 \leq x \leq 1$ で連続な関数 $f(x)$ が，整数 $k = 0, 1, \cdots\cdots, n-1$ に対して，次を満たしているものとする．

$$\int_0^1 x^k f(x) dx = 0$$

（1） t が実数全体を動くときの $g(t) = \displaystyle\int_0^1 |x-t|^n dx$ の最小値と，それを与える t の値を求めよ．

（2） すべての実数 t に対して，次の等式が成り立つことを示せ．

$$\int_0^1 (x-t)^n f(x) dx = \int_0^1 x^n f(x) dx$$

（3） 関数 $|f(x)|$ の $0 \leq x \leq 1$ における最大値を M とするとき，

$$\left| \int_0^1 x^n f(x) dx \right| \leq \frac{M}{2^n(n+1)}$$

を示せ． （94　東北大・理系）#

9. 関数 $f_n(x) = x - \dfrac{x^2}{2} + \dfrac{x^3}{3} - \cdots + \dfrac{(-1)^{n-1}x^n}{n}$ （ただし，$x \geqq 0$，$n = 1, 2, \cdots$）について，次の問いに答えよ．

（1） 導関数 $\dfrac{d}{dx}f_n(x)$ を求めよ．

（2） n が偶数のとき，$f_n(x) \leqq \log(1+x)$，n が奇数のとき $f_n(x) \geqq \log(1+x)$ であることを示せ．

（3） （2）を利用して $\log\dfrac{6}{5}$ の値を，小数第3位を四捨五入して小数第2位まで求めよ．

（4） $\dfrac{1}{250} + \dfrac{1}{251} + \cdots + \dfrac{1}{299} + \dfrac{1}{300}$ の値を，小数第3位を四捨五入して小数第2位まで求めよ． （10　名古屋市大・医）#

問題篇／第7章

視覚化する

1. 2次方程式 $x^2+(a+2)x-a+1=0$ について
 (1) 解の1つが $-2<x<0$ の範囲にあり，他の解が $x<-2$ または $x>0$ の範囲にあるような定数 a のとりうる値の範囲は $\boxed{}<a<\boxed{}$ である．
 (2) 2つの解のうち少なくとも1つが $-2<x<0$ の範囲にあるような定数 a のとりうる値の範囲は $\boxed{}\leqq a<\boxed{}$ である．
 (3) 定数 a が $a>1$ の範囲にあるとき，解 x のとりうる値の範囲は，$\boxed{}<x<\boxed{}$ または $x<\boxed{}$ である． (96 武庫川女大)

2. x, y が2つの不等式 $3y\leqq -x,\ y\geqq x^2-4x+1$ を満たすとき，$q=\dfrac{3x^2+4xy+4y^2}{x^2}$ の値の範囲は $\boxed{}$ である．

(93 福岡大・理，一部省略)

3. 2つの実数 a, b に対して $\max\{a, b\}$ と書けば，それは，$a\neq b$ のときは a, b のうち大きい方を表し，$a=b$ のときは a を表しているものとする．xy 平面において，$1\leqq \max\{|x|, |y|\}\leqq 2$ を満たす点 (x, y) の全体から成る領域を D とする．D において $4x^2-4x+y^2$ のとる値の最大値と最小値を求めよ．また，その最大値および最小値は，それぞれ D のどの点においてとるか． (94 甲南大・理)

4. 関数 $f(x)=ax(1-x)$ がある．a を正の定数とするとき，次の問いに答えよ．
 (1) $f(x)=x$ を満たす正の数 x が存在するときの a の値の範囲を求めよ．
 (2) $f(f(x))=x$ を満たす正の数 x がちょうど2個存在する場合はあるか．理由を述べて答えよ．ただし，$f(f(x))$ は $af(x)(1-f(x))$ のことである． (97 横浜国大（後）・経，経営)

5. 平面上で定点 A$(0, 0)$,B$(3, 0)$と曲線 $y=x(3-x)$ $(0<x<3)$ 上の 2 点 C,D を頂点とする四角形を考える.このような四角形の面積の最大値を求めよ.　　　　　　　　　　　　　　　（90　横浜市大・文理,医）

6. x 軸と平行に負の方向に点 $(c, 1)$ から発した光線が $y=Ax$,$y=-Bx$ を反射面に持つ二つの鏡に反射して,第 N 回目の反射の直後からそれまでの軌跡を全く逆にたどって元の点に戻ってきたとする.ただし,A,B,c はそれぞれ $A>0$,$B\geqq 0$,$c>\dfrac{1}{A}$ をみたす定数とし,$A=\tan\alpha$,$B=\tan\beta$ とおく.
（1）　$N=2$ の場合に,A がとりうる値の範囲と第二の反射点 P(X, Y) が描く軌跡の方程式を求めよ.
（2）　$N=6$ の場合に,A がとりうる値の範囲を求めよ.ただし,三角関数を使わずにそれを表せ.　　　　　　　　　　　（00　中央大・理工）

7.（1）　$0\leqq x\leqq\dfrac{\pi}{2}$ のとき,不等式 $\dfrac{2x}{\pi}\leqq\sin x$ が成り立つことを証明せよ.
（2）　不等式 $\displaystyle\int_0^\pi e^{-\sin x}dx\leqq\pi\left(1-\dfrac{1}{e}\right)$ が成り立つことを証明せよ.
　　　　　　　　　　　　　　　　　　　　　　（00　和歌山大・システム工）#

8.（1）　$0\leqq\alpha<\beta\leqq\dfrac{\pi}{2}$ であるとき,次の不等式を示せ.
$$\int_\alpha^\beta \sin x\,dx+\int_{\pi-\beta}^{\pi-\alpha}\sin x\,dx>(\beta-\alpha)(\sin\alpha+\sin(\pi-\beta))$$
（2）　$\displaystyle\sum_{k=1}^{7}\sin\dfrac{k\pi}{8}<\dfrac{16}{\pi}$ を示せ.　　　　　　　　（97　京大・理系）#

9. k と n を自然数とする.1^k,2^k,……,n^k の相加平均を $M(n, k)$ と書くとき,次を証明せよ.
$$\dfrac{1}{2n}\leqq\dfrac{M(n, k)}{n^k}-\dfrac{1}{k+1}\leqq\dfrac{1}{n}$$
　　　　　　　　　　　　　　　　　　　　　　（90　お茶の水女大・理）#

問題篇／第8章

見方を変える

1. 座標平面上の原点から次の規則で動く．

格子点（原点を含む）ではコインを投げ，表がでれば x 軸の正の方向に 1，裏がでれば y 軸の正の方向に 1 進む．

コインを N 回投げ，長さ N だけ進むあいだに，直線 $x=2$ 上を長さ 1 以上通過する確率を P_N とする．このとき，次の問いに答えよ．ただし，コインの表がでる確率，裏がでる確率はいずれも $\frac{1}{2}$ とする．また，格子点とは x 座標と y 座標がともに整数となる点のことである．
（1） P_4 を求めよ．
（2） P_N（$N \geqq 3$）を求めよ． （95 北大・理系，一部省略）

2. 3人の女子と 12 人の男子が無作為に円卓に座る．次の問いに答えよ．
（1） 3人の女子が連続して並ぶ確率を求めよ．
（2） 少なくとも 2 人の女子が連続して並ぶ確率を求めよ．
（3） 男子が連続して 6 人以上並ばない確率を求めよ．
 （98 姫路工大・理）

3. 曲線 $y=x^2$ 上の点 (t, t^2) における接線を l とする．ただし，$0<t<a$，a は定数とする．曲線 $y=x^2$ と y 軸および直線 l とで囲まれる図形の面積を S_1 とし，曲線 $y=x^2$ と直線 $x=a$ および直線 l とで囲まれる図形の面積を S_2 とする．このとき，$S_1=S_2$ となるような t を求めよ． （85 富山大）

4. 2つの放物線 $C_1: y=x^2$，$C_2: y=(x-1)^2+2a$ がある．ただし，a は定数とする．次の問いに答えよ．
（1） C_1 と C_2 の共通接線の方程式を求めよ．
（2） C_1 と C_2 の交点を通り，（1）で求めた共通接線に平行な直線を L とする．C_1 と L とで囲まれた図形の面積は，C_2 と L とで囲まれた図形の面積に等しいことを示せ． （89 静岡大・理，工，一部省略）

5. （1） 実数 x, y が条件 $x^2+y^2=1$ を満たすとき，$2x+3y$ の最大値，最小値を求めよ．

（2） 実数 x, y, a, b が条件 $x^2+y^2=1$ および $a^2+b^2=2$ を満たすとき，$ax+by$ の最大値，最小値を求めよ．

（3） 実数 x, y, a, b が条件 $x^2+y^2=1$ および $(a-2)^2+(b-2\sqrt{3})^2=1$ を満たすとき，$ax+by$ の最大値，最小値を求めよ． （92 愛知教大）

6. 実数 a, b, c に対し $g(x)=ax^2+bx+c$ を考え，$u(x)$ を
$u(x)=g(x)g\left(\dfrac{1}{x}\right)$ で定義する．

（1） $u(x)$ は $y=x+\dfrac{1}{x}$ の整式 $v(y)$ として表せることを示しなさい．

（2） 上で求めた $v(y)$ は $-2\leqq y\leqq 2$ の範囲のすべての y に対して $v(y)\geqq 0$ であることを示しなさい． （00 慶大・理工）

7. α, β が $\alpha>0°$, $\beta>0°$, $\alpha+\beta<180°$ かつ $\sin^2\alpha+\sin^2\beta=\sin^2(\alpha+\beta)$ を満たすとき，$\sin\alpha+\sin\beta$ の取りうる範囲を求めよ． （99 京大（後）・文系）

8. 原点 O を中心とする半径 2 の円 K の内部に，一辺の長さが 2 で対角線の交点が O となるような正方形 ABCD をとる．K 上の点 P において，線分 PO と角 θ で交わる 2 本の半直線を引く．このとき，P が K 上どのような位置にあっても，これら 2 本の半直線が正方形 ABCD を通るような θ の最大値を求めよ． （91 東工大（後））

9. 各面がすべて鋭角三角形である四面体 ABCD がある．点 P が辺 AB 上にあり，点 Q が三角形 ABC の周上にあるとき，
$$\overrightarrow{AB}\cdot\overrightarrow{DA}\leqq \overrightarrow{AP}\cdot\overrightarrow{DQ}\leqq \overrightarrow{AB}\cdot\overrightarrow{DB}$$
を証明せよ． （00 名大（後）・情報文化）

10. $x>0$ において微分可能な関数 $f(x)$ が等式
$$\int_x^{x+a} f(t)\,dt = x\log\left(1+\frac{a}{x}\right) + a\log(x+a) - a \quad (x>0)$$
を満たしている．ここで，a は任意の正の定数である．log を自然対数，e をその底として，次の問いに答えよ．

（1） $f(x)$ を求めよ．

（2） $\displaystyle\int_1^e \frac{f(t)}{t}\,dt$ および $\displaystyle\int_1^{\sqrt{e}} tf(t)\,dt$ を求めよ．　（87　岐阜薬大，改題）#

問題篇／第9章

何に着目するか

1. $P(x)$ は実数を係数とする x の4次式で，x^4 の係数は1であり，次の条件（ⅰ）および（ⅱ）を満たしている．
（ⅰ） $P(x)$ とその導関数 $P'(x)$ は，実数を係数とする共通の2次式で割り切れる．
（ⅱ） すべての実数 x に対して $P(x) \geqq 2$ が成り立ち，$x=0$ のとき等号が成り立つ．
$P(x)$ を求めよ． （10　京都工繊大）

2. α, β は正の数で $\alpha + \beta < \dfrac{\pi}{2}$ とし，$\dfrac{1}{\tan\alpha}, \dfrac{1}{\tan\beta}$ は整数で次の条件（ⅰ），（ⅱ）をみたしているとする．
（ⅰ） $\tan(\alpha+\beta) \geqq \dfrac{1}{10}$
（ⅱ） $\dfrac{1}{\tan(\alpha+\beta)}, \dfrac{1}{\tan\alpha}, \dfrac{1}{\tan\beta}$ は等差数列
このとき，$\tan\alpha, \tan\beta$ を求めよ． （92　名古屋工大）

3. 原点 O を中心とし，$a>1$ を半径とする円 $C: x^2+y^2=a^2$ 上に相異なる4点 P, Q, P′, Q′ がある．$Q(a\cos\varphi, a\sin\varphi)$ は曲線 $D: x^2-y^2=1$ $(x \geqq 0, y \geqq 0)$ 上にあり，Q と Q′ は O に関して対称である．また P と P′ は $x>0$ の部分にあって条件 $\overline{QP} \cdot \overline{Q'P} = \overline{QP'} \cdot \overline{Q'P'} = a^2$ をみたしている．
（1）　$\angle \mathrm{POQ}$ を求めよ．
（2）　$\mathrm{R}(a, 0)$ に対して極限値 $\displaystyle\lim_{a\to\infty} \dfrac{\overline{PR}^2 + \overline{P'R}^2}{\overline{OR}^2}$ を求めよ．
（00　阪大（後）・理，工，基礎工）#

4. a, b, c, d, s, t を実数とする.複素数 $z=a+bi$, $w=c+di$ は
$$z^2=s+i, \quad w^2=t+i$$
をみたしているとする.次の問いに答えよ.
（1） b^2 を s を用いて表せ.
（2） $s<t$ のとき $|b|>|d|$ を示せ. 　　　（11　大阪市大（後）・理,工）

5. $\dfrac{10^{210}}{10^{10}+3}$ の整数部分のけた数と,1の位の数字を求めよ.ただし $3^{21}=10460353203$ を用いてよい. 　　　（89　東大・理科）

6. x 軸上に m 個の点 $P_i(2^i, 0)$ $(i=1, 2, \cdots, m)$,y 軸上に n 個の点 $Q_j(0, 2^j)$ $(j=1, 2, \cdots, n)$ をとり,P_i,Q_j を結ぶ線分 mn 個を作る.どの3線分も x 軸上,y 軸上以外では1点で交わらないことを示せ.
（86　東京女大）

7. $f(x, y)$ を2変数 x, y に関する実数を係数にもつ多項式とする.$s=x+y$, $t=xy$, $u=x-y$, $v=x^2$ とおく.このとき,以下の問いに答えよ.
（1） $f(x, y)=x^2+xy+y^2$ のとき $f(x, y)$ を s と u を用いて表せ.
（2） 一般に $f(x, y)$ は s と u との多項式で表されることを示せ.
（3） 恒等的に $f(x, y)=f(-x, y)$ が成り立つならば $f(x, y)$ は v と y との多項式であることを示せ.
（4） 恒等的に $f(x, y)=f(y, x)$ が成り立つならば $f(x, y)$ は s と t との多項式であることを示せ. 　　　（95　上智大・理工,一部省略）

8.（1） $\vec{0}$ でない平面ベクトル $\vec{a}$, $\vec{b}$, $\vec{c}$ が $\dfrac{\vec{a}}{|\vec{a}|}+\dfrac{\vec{b}}{|\vec{b}|}+\dfrac{\vec{c}}{|\vec{c}|}=\vec{0}$ を満たすとき，三つのベクトルの互いになす角をそれぞれ求めよ．

（2） $\vec{a}\neq\vec{0}$, $\vec{x}$ を任意の平面ベクトルとするとき，

$$|\vec{a}-\vec{x}|\geqq |\vec{a}|-\vec{x}\cdot\dfrac{\vec{a}}{|\vec{a}|}$$ であることを示せ．

ここで，$\vec{x}\cdot\dfrac{\vec{a}}{|\vec{a}|}$ は $\vec{x}$ と $\dfrac{\vec{a}}{|\vec{a}|}$ の内積を表す．

（3） すべての内角が $120°$ 未満の三角形 ABC の内部の点 X から各頂点までの距離の和 $|\overrightarrow{XA}|+|\overrightarrow{XB}|+|\overrightarrow{XC}|$ が最小になるような X を求めよ．

（00　東北大（後）・理系）

9. xy 平面上に 3 点 A，B，C がある．A，B，C を内部または周上に含む半径最小の円を D とする．

（1） 三角形 ABC が鋭角または直角三角形のとき，D は三角形 ABC の外接円となることを証明せよ．

（2） A $=(-1, 0)$, B $=(1, 0)$ とし C $=(x, y)$ は条件
$$x^2+y^2\leqq 4,\ y\neq 0$$
をみたしながら動く．円 D が三角形 ABC の外接円と異なるような C の動きうる範囲を図示せよ．

（87　東工大）

解答篇

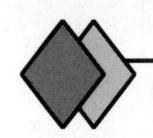

解答篇／第1章

実験する

1…A∗ 2…B∗ 3…C∗∗ 4…D∗∗∗
5…B∗∗ 6…B∗∗ 7…B∗∗∗ 8…C∗∗∗
9…C∗∗

1. 一文字消去して大小を比較するだけでしょ，とは言わないように！ 大小比較の問題では，適当な数値を代入し，大小の見当をつけてから比較するようにしたいものです．本問の場合，$a>0$，$\dfrac{1}{b}-\dfrac{1}{a}=1$ を満たす a，b として，例えば，$a=1$，$b=\dfrac{1}{2}$ を代入すると，4数は順に $\sqrt{2}$，$\dfrac{4}{3}$，$\dfrac{3}{2}$，$\sqrt{2}$ となるので，

$$\frac{1}{1-\dfrac{1}{2}b}<\sqrt{1+a}=\frac{1}{\sqrt{1-b}}<1+\frac{a}{2}$$

と予想されます．

解 $\dfrac{1}{b}-\dfrac{1}{a}=1$ より，$b=\dfrac{a}{a+1}$ であるから，

$$\frac{1}{1-\dfrac{1}{2}b}=\frac{1}{1-\dfrac{a}{2(a+1)}}=\frac{2(a+1)}{a+2},\quad \frac{1}{\sqrt{1-b}}=\frac{1}{\sqrt{1-\dfrac{a}{a+1}}}=\sqrt{1+a}$$

$a>0$ に注意すると，

$$\left(1+\frac{a}{2}\right)^2-(\sqrt{1+a})^2=\frac{a^2}{4}>0 \quad \therefore\quad 1+\frac{a}{2}>\sqrt{1+a}$$

また，

$$(\sqrt{1+a})^2-\left\{\frac{2(a+1)}{a+2}\right\}^2=\frac{a+1}{(a+2)^2}\{(a+2)^2-4(a+1)\}=\frac{a^2(a+1)}{(a+2)^2}>0$$

$$\therefore\quad \sqrt{1+a}>\frac{2(a+1)}{a+2}=\frac{1}{1-\dfrac{1}{2}b}$$

であるから，4数の大小関係は，

$$\frac{1}{1-\dfrac{1}{2}b}<\sqrt{1+a}=\frac{1}{\sqrt{1-b}}<1+\frac{a}{2}$$

2. 樹形図を書いて（右図は $n=4$ の場合）具体的に調べてみると，答えが見えてきます．

解 a_1 の決め方は，$a_1 \leq 2$ より，1，2 の 2 通りある．

a_1 を決めたとき，a_2 の決め方は，$a_2 \leq 3$ より，1，2，3 から a_1 を除く 2 通りある．

同様に，$2 \leq k \leq n-1$ に対し，$a_1 \sim a_{k-1}$ を決めたとき，a_k の決め方は，$a_k \leq k+1$ より，$1 \sim k+1$ から $a_1 \sim a_{k-1}$ を除く 2 通りある．

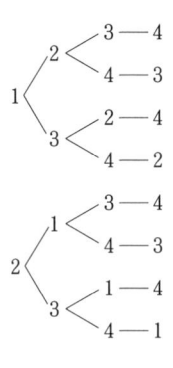

さらに，$a_1 \sim a_{n-1}$ を決めたとき，a_n の決め方は $1 \sim n$ から $a_1 \sim a_{n-1}$ を除く 1 通りとなる．

よって，$n \geq 2$ のとき，求める個数は，$2^{n-1} \cdot 1 = \mathbf{2^{n-1}}$ であり，$n=1$ のときもこの結果は正しい．

⇨**注** 漸化式を作る方法もあります．

題意を満たす順列を P_n で表し，その個数を x_n とすると，P_{n+1} のうち $a_{n+1}=n+1$ となるものは，$a_1 \sim a_n$ が P_n となるから x_n 個あり，$a_{n+1} \neq n+1$ となるものは，a_{n+1} と a_n（$=n+1$）を入れ換えると $a_1 \sim a_n$ が P_n となるから x_n 個ある．

よって，$x_{n+1}=2x_n$ で，$x_1=1$ とから，$x_n=2^{n-1}$

3.（2）例えば，$n=3$，$r=2$ とすると，${}_nA_2={}_3A_2$ は，$(2, 0, 0)$，$(0, 2, 0)$，$(0, 0, 2)$，$(0, 1, 1)$，$(1, 0, 1)$，$(1, 1, 0)$ の 6 通り，${}_nA_{2n-r}={}_3A_4$ は，$(0, 2, 2)$，$(2, 0, 2)$，$(2, 2, 0)$，$(2, 1, 1)$，$(1, 2, 1)$，$(1, 1, 2)$ の 6 通りですが，これらをよく見てみると……．

解（1）$r=2$ となるのは，

　　　1 人が 2 万円寄付する　　2 人が 1 万円ずつ寄付する

のいずれかの場合であるから，それぞれの場合について寄付をする人の決め方を考えて，$n \geq 2$ のとき，

$${}_nA_2 = n + {}_nC_2 = n + \frac{n(n-1)}{2} = \frac{\mathbf{n(n+1)}}{\mathbf{2}}$$

$n=1$ のときもこの結果は正しい．

（2）n 人の人に $1 \sim n$ の番号を付ける．

k 番の人の寄付の額が a_k 万円であり，寄付の総額が r 万円であるとき，

$$a_1 + \cdots\cdots + a_n = r$$
$$\therefore \quad (2-a_1) + \cdots\cdots + (2-a_n) = 2n - r$$

であるから，k 番の人の寄付の額を $2-a_k$ 万円に変えると，寄付の総額は $2n-r$ 万円となる．寄付の総額が $2n-r$ 万円である場合から始めても同様である．

よって，これらの集め方は 1 対 1 に対応し，その個数は等しいから，$_nA_r = {}_nA_{2n-r}$ が成り立つ．

（3） $$\sum_{r=0}^{2n} {}_nA_r = (\text{寄付の集め方の総数}) = 3^n$$

であるから，
$$_nA_n = 3^n - ({}_nA_0 + \cdots + {}_nA_{n-1} + {}_nA_{n+1} + \cdots + {}_nA_{2n})$$
$$= 3^n - 2({}_nA_0 + \cdots + {}_nA_{n-1}) \quad (\because \text{（2）})$$

よって，$_nA_n$ は奇数である．

▷**注** （1） $a_1 + \cdots\cdots + a_n = 2$ を満たす負でない整数の組 $(a_1, \cdots\cdots, a_n)$ の個数を求めればよいので，2 個の○と $n-1$ 個の｜を一列に並べる方法の数に等しく，$_{n+1}C_2 = \dfrac{n(n+1)}{2}$ とすることもできます．

（3） $n+1$ 人目の人を加え，この人がいくら寄付するかで場合分けして，（2）の結果も用いると，漸化式
$$_{n+1}A_{n+1} = {}_nA_{n+1} + {}_nA_n + {}_nA_{n-1} = {}_nA_n + 2{}_nA_{n-1}$$
が得られるので，これを用いた帰納法でも示されます．

4. すぐに方針が立つ人はごく少数でしょう．実験あるのみ，ということで，例えば，$a=2, b=3$ とすると，
$$(2+3i)^2 = 2^2 + 2 \cdot 2 \cdot 3 \cdot i - 3^2$$
$$(2+3i)^3 = 2^3 + 3 \cdot 2^2 \cdot 3 \cdot i - 3 \cdot 2 \cdot 3^2 - 3^3 i$$
となり，以下虚部だけを調べると，
$$(2+3i)^5 \text{ の虚部} = 5 \cdot 2^4 \cdot 3 - 10 \cdot 2^2 \cdot 3^3 + 3^5$$
$$(2+3i)^7 \text{ の虚部} = 7 \cdot 2^6 \cdot 3 - 35 \cdot 2^4 \cdot 3^3 + 21 \cdot 2^2 \cdot 3^5 - 3^7$$
となって，最後の項だけが形が違う（この場合なら最後の項だけが奇数）らしいことがわかります．

これをもとに答案を作りますが，実際には細かなことがかなりうるさい問題です．

解 $(a+bi)^p = x+yi$ (x, y は実数)とおくとき,$y \neq 0$ を示せばよい.
(ⅰ) $p=2$ のとき,$y=2ab>0$
(ⅱ) $p \geq 3$ のとき,p は奇数であるから,$p=2n+1$ (n は自然数)とおくと,
$$y = {}_{2n+1}C_1 a^{2n}b - {}_{2n+1}C_3 a^{2n-2}b^3 + \cdots + (-1)^n {}_{2n+1}C_{2n+1} b^{2n+1} \cdots ①$$
(A) $a \geq 2$ のとき
 ①の右辺の各項は,最後の項 $(-1)^n {}_{2n+1}C_{2n+1} b^{2n+1}$ を除いて a で割り切れるが,a と b が互いに素であることにより,
$$(-1)^n {}_{2n+1}C_{2n+1} b^{2n+1} = (-1)^n b^{2n+1}$$
は a で割り切れないから,y は a で割り切れず,$y \neq 0$
(B) $b \geq 2$ のとき
 ①の右辺の各項は,最初の項 ${}_{2n+1}C_1 a^{2n} b$ を除いて b^3 で割り切れるが,a と b が互いに素であることと p が素数であることにより,
$${}_{2n+1}C_1 a^{2n} b = {}_p C_1 a^{2n} b = p a^{2n} b$$
は b^3 で割り切れないから,y は b^3 で割り切れず,$y \neq 0$
(C) $a=b=1$ のとき
$$(a+bi)^p = (1+i)^{2n+1} = \{(1+i)^2\}^n (1+i) = (2i)^n (1+i)$$
n が偶数なら $n=2k$ (k は整数)とおくと,
$$(a+bi)^p = (2i)^{2k}(1+i) = \{(2i)^2\}^k (1+i) = (-4)^k (1+i)$$
となり,n が奇数なら $n=2k+1$ (k は整数)とおくと,
$$(a+bi)^p = (2i)^{2k+1}(1+i) = \{(2i)^2\}^k \cdot 2i(1+i) = (-4)^k (-2+2i)$$
となるから,いずれにせよ,$y \neq 0$
 (ⅰ),(ⅱ)より,題意は示された.

5. こんな漸化式をノーヒントで解くのは困難です.まず,何項かを具体的に書き出してみるところでしょう.

解
$$c_{n+1} = \frac{(n^2+n+1)c_n - 1}{c_n + (n^2+n-1)} \cdots\cdots ①$$
と $c_1 = a$ より,順次求めると,
$$c_2 = \frac{3a-1}{a+1}, \quad c_3 = \frac{5a-2}{2a+1}, \quad c_4 = \frac{7a-3}{3a+1}$$
となるから,
$$c_n = \frac{(2n-1)a - (n-1)}{(n-1)a + 1} \cdots\cdots (*)$$

と類推される．

$n=1$ のとき，$c_1=a=\dfrac{1\cdot a-0}{0+1}$ であるから，(∗)は成り立つ．

$n=k$ のとき，(∗)が成り立つと仮定すると，①より，

$$c_{k+1}=\dfrac{(k^2+k+1)c_k-1}{c_k+(k^2+k-1)}$$

$$=\dfrac{(k^2+k+1)\dfrac{(2k-1)a-(k-1)}{(k-1)a+1}-1}{\dfrac{(2k-1)a-(k-1)}{(k-1)a+1}+(k^2+k-1)}$$

$$=\dfrac{(k^2+k+1)\{(2k-1)a-(k-1)\}-\{(k-1)a+1\}}{\{(2k-1)a-(k-1)\}+(k^2+k-1)\{(k-1)a+1\}}$$

$$=\dfrac{(2k^3+k^2)a-k^3}{k^3a+k^2}=\dfrac{(2k+1)a-k}{ka+1}$$

となり，$n=k+1$ のときも(∗)は成り立つ．

よって，数学的帰納法により，すべての自然数 n について(∗)が成り立つから，求める c_n は，

$$c_n=\dfrac{(2n-1)a-(n-1)}{(n-1)a+1}$$

➡注　実は，まず $c_n \neq 1$ を示し，次に①を

$$c_{n+1}-1=\dfrac{(n^2+n)(c_n-1)}{(n^2+n)+(c_n-1)}$$

$$\therefore\quad \dfrac{1}{c_{n+1}-1}=\dfrac{1}{c_n-1}+\dfrac{1}{n(n+1)}$$

$$\therefore\quad \dfrac{1}{c_{n+1}-1}+\dfrac{1}{n+1}=\dfrac{1}{c_n-1}+\dfrac{1}{n}$$

と変形すれば，$\left\{\dfrac{1}{c_n-1}+\dfrac{1}{n}\right\}$ が定数数列とわかって，

$$\dfrac{1}{c_n-1}+\dfrac{1}{n}=\dfrac{1}{c_1-1}+\dfrac{1}{1}=\dfrac{1}{a-1}+1=\dfrac{a}{a-1}$$

から c_n が得られますが，さすがにこれは★でしょう．

6．「$a_{n+k}=a_n$ が任意の整数 n に対して成り立つ」というのですから，$\{a_n\}$ は周期数列のはず．だったら，繰り返しが起こるまで書き並べてみるところです．

解 $n=0, 1, 2, \cdots\cdots$ について調べると，

n	0	1	2	3	4	5	6	7	8	9	10
$f(n)$	0	0	1	3	6	10	15	21	28	36	45
a_n	1	1	i	$-i$	-1	-1	$-i$	i	1	1	i

となる．

この結果と
$$f(n+8)-f(n)=\frac{(n+8)(n+7)-n(n-1)}{2}=4(2n+7)$$
$$\therefore \quad \frac{a_{n+8}}{a_n}=\frac{i^{f(n+8)}}{i^{f(n)}}=i^{f(n+8)-f(n)}=i^{4(2n+7)}=1 \quad \therefore \quad a_{n+8}=a_n$$

により，$\{a_n\}$ は $1, 1, i, -i, -1, -1, -i, i$ を繰り返す（基本）周期8の周期数列である．

よって，求める k は，$\boldsymbol{k=8l}$　$(l=1, 2, 3, \cdots\cdots)$

⇨注 8より大きく，8の倍数でない周期があるのでは？ と考える人がいるかもしれませんが，そんなことはありません．たとえば，11が周期だとすると，8が周期であることと合わせて，
$$a_n=a_{n+11}=a_{n+3}$$
が成り立ち，3 も周期となって矛盾します．

7. 問題文を読んだだけで b_k の意味がわかりますか？ わからなかったら，実験です．$a_1, a_2, a_3, \cdots$ は，$1, 1, 1, 2, 2, 2, 2, 2, 3, 3, 3, \cdots$ となり，
$$b_2=(a_m<2\leqq a_{m+1} \text{ となる } m)$$
ですから，$a_3=1<2=a_4$ より，$b_2=3$
$$b_3=(a_m<3\leqq a_{m+1} \text{ となる } m)$$
ですから，$a_8=2<3=a_9$ より，$b_3=8$ となります．

もうわかりましたね．b_k（$k\geqq 2$）は，$\{a_m\}$ のうち値が k 未満の（$k-1$ に等しい）最後の項の番号なのです．

解 k を自然数とする．

$k^2\leqq m<(k+1)^2$ のとき，$k\leqq\sqrt{m}<k+1$ より，
$$a_m=[\sqrt{m}]=k$$
である．……………………………………………………………………①

（1） ①より，$k\geqq 2$ のとき，$b_k=k^2-1$

よって，$b_1=0$ と合わせ，$\boldsymbol{b_k=k^2-1}$ $(k\geqq 1)$

（2）
$$\sum_{m=1}^{n^2}a_m+\sum_{k=1}^{n}b_k=n^3 \quad \cdots\cdots\cdots\cdots\cdots\cdots\cdots\cdots (*)$$
であることを数学的帰納法により証明する．

$n=1$ のとき，
$$\sum_{m=1}^{1^2}a_m+\sum_{k=1}^{1}b_k=a_1+b_1=[\sqrt{1^2}]+0=1=1^3$$
であるから，$(*)$は成り立つ．

$n=j$ のとき，$(*)$が成り立つと仮定すると，
$$\sum_{m=1}^{(j+1)^2}a_m+\sum_{k=1}^{j+1}b_k=\sum_{m=1}^{j^2}a_m+\sum_{k=1}^{j}b_k+\sum_{m=j^2+1}^{(j+1)^2-1}a_m+a_{(j+1)^2}+b_{j+1}$$
$$=j^3+\sum_{m=j^2+1}^{(j+1)^2-1}a_m+a_{(j+1)^2}+b_{j+1}$$
$$=j^3+\sum_{m=j^2+1}^{(j+1)^2-1}j+(j+1)+\{(j+1)^2-1\} \quad (\because \; ①,\;(1))$$
$$=j^3+\{(j+1)^2-j^2-1\}j+(j+1)+\{(j+1)^2-1\}$$
$$=j^3+3j^2+3j+1$$
$$=(j+1)^3$$
となり，$n=j+1$ のときも$(*)$は成り立つ．

よって，すべての自然数 n に対して，$(*)$が成り立つ．

（3）$(*)$に注意して，
$$\sum_{m=1}^{n^2}[\sqrt{m}]=\sum_{m=1}^{n^2}a_m$$
$$=n^3-\sum_{k=1}^{n}b_k$$
$$=n^3-\sum_{k=1}^{n}(k^2-1) \quad (\because \;(1))$$
$$=n^3-\left\{\frac{1}{6}n(n+1)(2n+1)-n\right\}$$
$$=\frac{1}{6}\boldsymbol{n(4n^2-3n+5)}$$

⇨注 （2）$\sum_{m=1}^{n^2}a_m$ を領域 $1\leqq y\leqq\sqrt{x}$，$1\leqq x\leqq n^2$ に含まれる格子点の個数，$\sum_{k=1}^{n}b_k$ を領域 $1\leqq x<y^2$，$1\leqq y\leqq n$，つまり，$\sqrt{x}<y\leqq n$，$1\leqq x\leqq n^2$ に含まれる格子点の個数と考えれば，与えられた等式の成立は明らかです．

8.（2） 結果が与えられているので，帰納法で示せばよいのですが，実験しておかないとすぐに行き詰まってしまいそうです．実際，$a_1=0=[\log_2 1]$ から始めると，

$a_2=1+a_1=1+[\log_2 1]=[1+\log_2 1]=[\log_2 2+\log_2 1]=[\log_2 2]$

$a_3=1+a_1=[\log_2 2]=[\log_2 3]$　（(1)で $k=1$ の場合）

$a_4=1+a_2=1+[\log_2 2]=[1+\log_2 2]=[\log_2 2+\log_2 2]=[\log_2 4]$

$a_5=1+a_2=[\log_2 4]=[\log_2 5]$　（(1)で $k=2$ の場合）

となりますから……．

解　（1）　$[\log_2 x]=k \iff k \leq \log_2 x < k+1$

$\iff 2^k \leq x < 2^{k+1}$　……………………①

これより，

$[\log_2(x+1)]=k \iff 2^k \leq x+1 < 2^{k+1}$

$\iff 2^k-1 \leq x < 2^{k+1}-1$ ……………②

求める範囲は，①かつ②であるから，

$$2^k \leq x < 2^{k+1}-1 \quad \text{……………………③}$$

（2）　$a_n=[\log_2 n]$　……………………………（＊）

$n=1$ のとき，$a_1=0=[\log_2 1]$ より，（＊）は成り立つ．

$n \leq m$ のとき，（＊）が成り立つと仮定する．

このとき，m が奇数ならば，$m+1$ は偶数であるから，

$a_{m+1}=1+a_{\left[\frac{m+1}{2}\right]}=1+a_{\frac{m+1}{2}}$

$=1+\left[\log_2 \frac{m+1}{2}\right]=\left[1+\log_2 \frac{m+1}{2}\right]$

$=[\log_2(m+1)]$

一方，m が偶数ならば，$m+1$ は奇数であるから，

$a_{m+1}=1+a_{\left[\frac{m+1}{2}\right]}=1+a_{\frac{m}{2}}$

$=1+\left[\log_2 \frac{m}{2}\right]=\left[1+\log_2 \frac{m}{2}\right]$

$=[\log_2 m]$

ここで，③で $k=1, 2, \cdots$ としたもののどれにも含まれない自然数が 2^k-1 の形の数のみであることにより，$x=m$（偶数）は③のいずれかに含まれて，$[\log_2 m]=[\log_2(m+1)]$ が成り立つから，

$a_{m+1}=[\log_2(m+1)]$

以上により，$n=m+1$ のときも（*）は成り立つ．

よって，数学的帰納法により，すべての自然数 n について，（*）が成り立つ．

9. 「鋭角三角形になることがあるか」というのですから，ほとんどの場合は $\frac{\pi}{2}$ 以上の角があるということなのでしょう．そして，どの角が $\frac{\pi}{2}$ 以上かは，いくつか図を書いてみれば十分に予想できます．

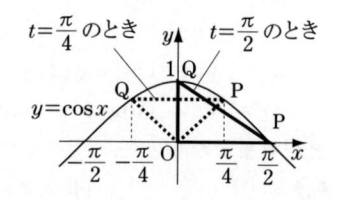

解

$$\overrightarrow{OP}\cdot\overrightarrow{OQ}=t\left(t-\frac{\pi}{2}\right)+\cos t\cos\left(t-\frac{\pi}{2}\right)$$

$$=t^2-\frac{\pi}{2}t+\cos t\sin t$$

$$=t^2-\frac{\pi}{2}t+\frac{1}{2}\sin 2t$$

であるから，これを $f(t)$ とおくと，

$$f'(t)=2t-\frac{\pi}{2}+\cos 2t$$

$$f''(t)=2-2\sin 2t=2(1-\sin 2t)\geqq 0$$

$0\leqq t\leqq\frac{\pi}{2}$ において，等号は $t=\frac{\pi}{4}$ のときのみ成り立つから，$f'(t)$ は増加する．

よって，$f'\left(\frac{\pi}{4}\right)=0$ と合わせて，

$$0\leqq t<\frac{\pi}{4} \text{ のとき } f'(t)<0, \quad \frac{\pi}{4}<t\leqq\frac{\pi}{2} \text{ のとき } f'(t)>0$$

となるから，$f(t)$ の増減は右表のようになる．

このことと

$$f(0)=0, \quad f\left(\frac{\pi}{2}\right)=0$$

より，$0\leqq t\leqq\frac{\pi}{2}$ において，

t	0	$\cdots$	$\frac{\pi}{4}$	$\cdots$	$\frac{\pi}{2}$
$f'(t)$		$-$	0	$+$	
$f(t)$		↘		↗	

$$f(t) \leq 0 \quad \therefore \quad \overrightarrow{\mathrm{OP}} \cdot \overrightarrow{\mathrm{OQ}} \leq 0 \quad \therefore \quad \angle \mathrm{POQ} \geq \frac{\pi}{2}$$
となるから，△OPQ が**鋭角三角形となることはない**．

◎講義篇・参照例題

1. ☞例題 4   2. ☞例題 1   3. ☞例題 1   4. ☞例題 1
5. ☞例題 2   6. ☞例題 5   7. ☞例題 2   8. ☞例題 3
9. ☞例題 1

解答篇／第2章

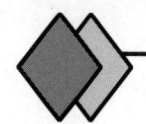

論理を使う

1…A**　2…C***　3…B**　4…D*****
5…B***　6…B**　7…C***　8…C**
9…B**　10…B**

1. まずは，同値変形の基本といえる無理方程式です．

解　$k>0$ のもとで，

$$\sqrt{x+3}=-\frac{k}{x} \iff x+3=\left(-\frac{k}{x}\right)^2,\ x<0 \cdots\cdots\text{①}$$

$$\iff x^2(x+3)=k^2,\ x<0$$

であるから，曲線 $y=x^2(x+3)$ と直線 $y=k^2$ が $x<0$ においてただ 1 つの共有点をもつような正数 k の値を求めればよい．

$f(x)=x^2(x+3)=x^3+3x^2\ (x<0)$ とおくと，

$$f'(x)=3x^2+6x=3x(x+2)$$

より，$f(x)$ の増減は右表のようになるから，$y=f(x)$ のグラフは右図の実線部（○の点を除く）のようになる．

x	$\cdots$	-2	$\cdots$	0
$f'(x)$	$+$	0	$-$	
$f(x)$	↗		↘	

よって，$k>0$ より，$k^2>0$ であることに注意すると，求める k の値は，

$$k^2=4,\ k>0 \quad \therefore\ \boldsymbol{k=2}$$

▷**注**　$x+3=(-k/x)^2$ のとき，右辺 >0 より左辺 >0 ですから，①では実数条件を含めて同値です．

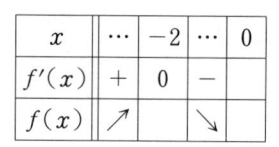

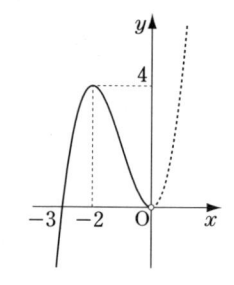

2. （2）（1）をヒントにして条件を言い換えますが，そのとき，同値性に十分注意しなければなりません．

解　（1）　$f(f(x))-x$

$$=f(f(x))-f(x)+f(x)-x$$
$$=af(x)\{1-f(x)\}-ax(1-x)+f(x)-x$$
$$=a[f(x)-x-\{f(x)\}^2+x^2]+f(x)-x$$
$$=\{f(x)-x\}[a\{1-(f(x)+x)\}+1] \quad\cdots\cdots\text{①}$$

であるから，示された．
（2） $q=f(p)$ のもとで，
$f(q)=p, q\neq p \iff f(f(p))=p, f(p)\neq p$
$\iff a\{1-(f(p)+p)\}+1=0, f(p)\neq p$ （∵ ①）
$\iff f(p)+p=\dfrac{a+1}{a}, f(p)\neq p$
$\iff f(p)+p=\dfrac{a+1}{a}, p+p\neq \dfrac{a+1}{a}$
$\iff ap(1-p)+p=\dfrac{a+1}{a}, p\neq \dfrac{a+1}{2a}$
$\iff ap^2-(a+1)p+\dfrac{a+1}{a}=0, p\neq \dfrac{a+1}{2a}$

であるから，a の満たすべき条件は，方程式

$$ax^2-(a+1)x+\dfrac{a+1}{a}=0 \cdots\cdots\cdots ②$$

が $x\neq \dfrac{a+1}{2a}$ に少なくとも1つの実数解をもつことである．………（＊）

②が重解をもつとき，その重解は $x=\dfrac{a+1}{2a}$ となり，（＊）を満たさないから，（＊）は②が相異なる2実解をもつことと同値である．

よって，求める a の範囲は，

$$a\neq 0, (a+1)^2-4\cdot a\cdot \dfrac{a+1}{a}>0$$

∴ $a\neq 0, (a+1)(a-3)>0$ ∴ **$a<-1$ または $3<a$**

⇨注　2次方程式 $ax^2+bx+c=0$ が重解をもつとき，$b^2-4ac=0$ より，
重解は $\dfrac{-b\pm\sqrt{b^2-4ac}}{2a}=-\dfrac{b}{2a}$

3．（2）$A=B$ かつ $A'=B' \iff A+A'=B+B'$ かつ $A-A'=B-B'$
と同値変形することがポイントです．

解　（1） $f(a)=a$ より，
$$a^2+pa+q=a \quad ∴ \quad a^2+(p-1)a+q=0$$
であるから，求める条件は，
$$(p-1)^2-4q\geqq 0$$

（2） $f(a)=b$ ……①，$f(b)=a$ ……② より，

$$a^2+pa+q=b \cdots\cdots ①', \quad b^2+pb+q=a \cdots\cdots ②'$$

①$'$−②$'$, ①$'$+②$'$ より,
$$a^2-b^2+p(a-b)=b-a,$$
$$a^2+b^2+p(a+b)+2q=a+b$$
$$\therefore \quad (a-b)(a+b+p+1)=0,$$
$$(a+b)^2-2ab+(p-1)(a+b)+2q=0$$

これより, $a \neq b$ のとき,
$$a+b=-(p+1) \cdots\cdots\cdots\cdots\cdots\cdots\cdots\cdots ③$$
$$ab=q+\frac{1}{2}(a+b)(a+b+p-1)=q+p+1 \cdots\cdots ④$$

であり, ①かつ②かつ $a \neq b \iff$ ③かつ④かつ $a \neq b$ であるから,

　　①, ②を満たす異なる実数 a, b が存在する
$\iff$ ③, ④を満たす異なる実数 a, b が存在する
$\iff t$ の2次方程式 $t^2+(p+1)t+q+p+1=0$ が相異なる2実解をもつ
$\iff p$, q が不等式 $(p+1)^2-4(q+p+1)>0$ を満たす
$\iff p$, q が不等式 $(p-1)^2-4(q+1)>0$ を満たす

である.

4.（1） 逆手流でいくか, 自然流でいくか？　（☞第5章）
（2） これはすんなり同値変形でいきます.
（3） Pと同じQに対応する点は A 内にはPしかない, ということです.

解　　　　　　　　　$s=x+3y, \quad t=x^2$

（1） Pが A 内を動くとき, $-1<x<1$, $0<y<1$

x を $-1<x<1$ で固定し, y を $0<y<1$ で動かすと,
$$x<s<x+3, \quad t=x^2$$

より, $Q(s, t)$ は2点 $K(x, x^2)$, $L(x+3, x^2)$ を結ぶ線分（端点を除く）を描く.

さらに, x を $-1<x<1$ で動かすと, Kは放物線 $t=s^2$ の $-1<s<1$ の部分を描き, Lは放物線 $t=(s-3)^2$ の $2<s<4$ の部分を描くから, Qの動く範囲は右図の網目部分（実線の境界を含み, 点線の境界と◦の点を除く）となる.

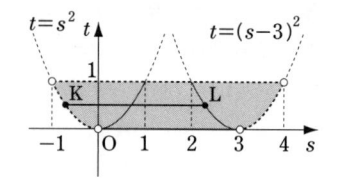

(2)　Q(s, t) が B 内にある
$\iff s>0$, $t>0$, $s+t<1$
$\iff x+3y>0$, $x^2>0$, $x+3y+x^2<1$
$\iff x+3y>0$, $x\neq 0$, $3y<-x^2-x+1$
$\iff y>-\dfrac{1}{3}x$, $x\neq 0$,
　　　　$y<-\dfrac{1}{3}\left(x+\dfrac{1}{2}\right)^2+\dfrac{5}{12}$

であるから，P が A 内にあることと合わせ，P の範囲は右図の網目部分（境界と y 軸上の点を除く）．

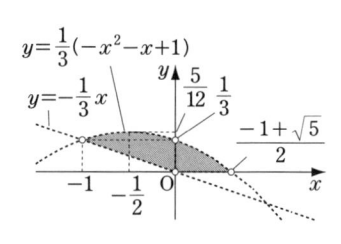

(3)　P(x, y) と (x', y') が同じ点 Q に対応する
$\iff x^2=x'^2$, $x+3y=x'+3y'$
$\iff x'=\pm x$, $x+3y=x'+3y'$
$\iff (x', y')=(x, y),\ \left(-x, \dfrac{2x+3y}{3}\right)$

であるから，P$'\left(-x, \dfrac{2x+3y}{3}\right)$ とすると，(b) の条件は，
　　P が A に含まれ……①，かつ，
　　（P=P$'$……②，または，P$'$ が A に含まれない……③）
ことである．
　ここで，
　　　　② $\iff x=0$
また，①のもとでは $-1<-x<1$ であるから，
③ $\iff \dfrac{2x+3y}{3}\leq 0$ または $1\leq\dfrac{2x+3y}{3}$
$\iff 2x+3y\leq 0$ または $3\leq 2x+3y$

よって，求める P(x, y) の範囲は，右図の網目部分および太線部分（太実線を含み，破線と ○ の点を除く）となる．

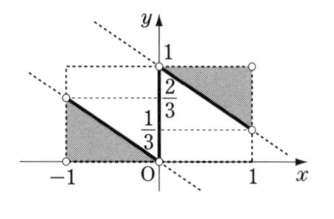

5．(3)　誤りやすい置き換えの代表選手．$f(\theta)=0$ が t の 2 次方程式になることを利用しますが，求めるものはあくまでも θ の個数であることに注意が必要です．

第 2 章　論理を使う　　143

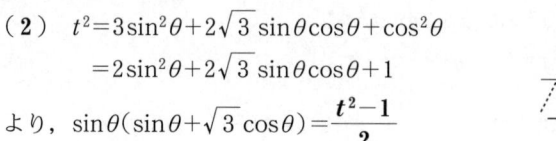

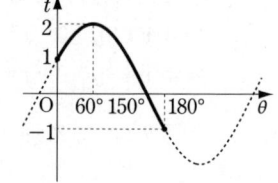

解 （1） $\sqrt{3}\sin\theta+\cos\theta=2(\sin\theta\cos 30°+\cos\theta\sin 30°)=2\sin(\theta+30°)$
であるから，右図．

（2） $t^2=3\sin^2\theta+2\sqrt{3}\sin\theta\cos\theta+\cos^2\theta$
$\qquad =2\sin^2\theta+2\sqrt{3}\sin\theta\cos\theta+1$

より，$\sin\theta(\sin\theta+\sqrt{3}\cos\theta)=\dfrac{t^2-1}{2}$

（3） $f(\theta)=at+\dfrac{t^2-1}{2}$ を $g(t)$ とおく．

（1）のグラフより，$g(t)=0$ の実数解 t に対し，$f(\theta)=0$ （$0°\leqq\theta\leqq 180°$）の解 θ が，$1\leqq t<2$ ならば 2 つずつ，$-1\leqq t<1$ または $t=2$ ならば 1 つずつ存在し，それ以外なら存在しない．

よって，a の満たすべき条件は，$g(t)=0$ が
$\qquad -1\leqq t<1$ と $1\leqq t<2$ に 1 つずつ解をもつか，
$\qquad 1\leqq t<2$ と $t=2$ に 1 つずつ解をもつこと
である．

いま，$g(t)=0 \iff at=\dfrac{1-t^2}{2}$ であり，この方程式の実数解は，原点を通る傾き a の直線 $y=at$ と曲線 $y=\dfrac{1-t^2}{2}$ の共有点の t 座標として与えられるから，右図より，求める a の範囲は，$-\dfrac{3}{4}<a\leqq 0$

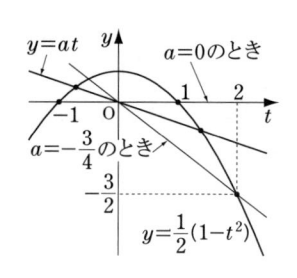

6. 　　　　任意の x に対して $P(x)$ が成り立つ
　　　　　 $\implies$ ある x に対して $P(x)$ が成り立つ
を用いて必要条件を求め，それが十分かどうか確認するのが，本問のような問題での常套手段です．

解 　　　　$|f(x)-a|\leqq bx^2$ ……………①

①が任意の実数 x に対して成り立つためには，$x=0$ に対して成り立つこと，つまり，
$\qquad\qquad |f(0)-a|\leqq 0 \quad \therefore\ a=f(0) \quad \therefore\ a=1$
が必要である．

逆に，$a=1$ のとき，①が任意の $x\neq 0$ で成り立てば十分であるが，$a=1$，

$x \neq 0$ のもとで,

$$① \iff \left|1 - \frac{1}{1+x^2}\right| \leq bx^2 \iff \frac{x^2}{1+x^2} \leq bx^2 \iff \frac{1}{1+x^2} \leq b$$

であり, $\dfrac{1}{1+x^2}$ $(x \neq 0)$ のとりうる値の範囲は, $0 < \dfrac{1}{1+x^2} < 1$ であるから, $b \geq 1$ であれば十分となる.

よって, 求める条件は, **$a=1$ かつ $b \geq 1$**

7. 必要十分条件を求めるわけではありませんが…….

解 （1） $\quad \sqrt{x+y} + \sqrt{y} \geq \sqrt{x+ay}$ ……………①

任意の $x \geq 0$, $y \geq 0$ に対して①が成り立つためには, $x=0$, $y=1$ のとき成り立つこと, つまり,

$$2 \geq \sqrt{a} \quad \therefore \quad a \leq 4$$

が必要である.

逆に, $a=4$ のとき,

$$\begin{aligned}(\sqrt{x+y} + \sqrt{y})^2 &= x + y + 2\sqrt{x+y}\sqrt{y} + y \\ &\geq x + y + 2\sqrt{y}\sqrt{y} + y \\ &= x + 4y\end{aligned}$$

となり, 任意の $x \geq 0$, $y \geq 0$ に対して①が成り立つから, 求める a の最大値は, **$a=4$**

（2） $\quad \sqrt{x+y+z} + \sqrt{y+z} + \sqrt{z} \geq \sqrt{x+4y+bz}$ ……………②

任意の $x \geq 0$, $y \geq 0$, $z \geq 0$ に対して②が成り立つためには, $x=y=0$, $z=1$ のとき成り立つこと, つまり,

$$3 \geq \sqrt{b} \quad \therefore \quad b \leq 9$$

が必要である.

逆に, $b=9$ のとき, （1）の結果より,

$$\sqrt{x+y+z} + \sqrt{y+z} \geq \sqrt{x+4(y+z)}$$

であることに注意すれば,

$$\begin{aligned}(\sqrt{x+y+z} + \sqrt{y+z} + \sqrt{z})^2 &= (\sqrt{x+y+z} + \sqrt{y+z})^2 + 2(\sqrt{x+y+z} + \sqrt{y+z})\sqrt{z} + z \\ &\geq \{\sqrt{x+4(y+z)}\}^2 + 2(\sqrt{z} + \sqrt{z})\sqrt{z} + z \\ &= x + 4y + 9z\end{aligned}$$

となり, 任意の $x \geq 0$, $y \geq 0$, $z \geq 0$ に対して②が成り立つから, 求める b の

最大値は，$b=9$

➡**注** （1） $a≦4$ が必要であることを示したあとは，$\vec{p}=(\sqrt{x},\sqrt{y})$，$\vec{q}=(0,\sqrt{y})$ に $|\vec{p}|+|\vec{q}|≧|\vec{p}+\vec{q}|$ を用いても，

$$\sqrt{x+y}+\sqrt{y}≧\sqrt{x+4y} \quad (等号は x=0 のとき成立) \cdots\cdots③$$

となり，$a=4$ のとき成り立つことがわかるので，求める最大値は 4 といえます．

なお，①は $y=0$ のとき成り立ち，$y>0$ のとき，

$$① \iff \frac{(\sqrt{x+y}+\sqrt{y})^2-x}{y}≧a \cdots\cdots④$$

となります．これより，

「任意の $x≧0$，$y≧0$ に対して①が成り立つような正の定数 a の最大値」

$=$ 「$x≧0$，$y>0$ における $\dfrac{(\sqrt{x+y}+\sqrt{y})^2-x}{y}$ の最小値」$\cdots\cdots⑤$

とわかるので，③を④と同様に変形し，等号の成立を述べることで，⑤$=4$ を示せば，（$a≦4$ が必要であることを示しておかなくても）求める最大値は 4 と結論できます．

（2）でも，$\vec{p}=(\sqrt{x},\sqrt{y},\sqrt{z})$，$\vec{q}=(0,\sqrt{y},\sqrt{z})$，$\vec{r}=(0,0,\sqrt{z})$ に $|\vec{p}|+|\vec{q}|+|\vec{r}|≧|\vec{p}+\vec{q}+\vec{r}|$ を用いて同様に処理できます．

8． 整数問題でも 6．の手法が有効なことがあります．

解 どのような整数 n に対しても $f(n)=an^3+bn$ が整数となり，n が偶数のとき $f(n)$ が偶数となるならば，$f(1)=a+b$ は整数 $\cdots\cdots$①，$f(2)=8a+2b$ は偶数である．

すると，$f(2)/2=4a+b$ が整数となることにより，

$$3a=(4a+b)-(a+b)$$

も整数であるから，$0<a≦1$ より，$a=\dfrac{1}{3}, \dfrac{2}{3}, 1 \cdots\cdots②$

①と $0<a≦b≦1 \cdots\cdots③$ より，$a+b=1, 2$ であるから，②，③とから，

$$(a, b)=\left(\frac{1}{3}, \frac{2}{3}\right), (1, 1) \cdots\cdots(*)$$

逆に，$(a, b)=\left(\dfrac{1}{3}, \dfrac{2}{3}\right)$ のとき，

$$f(n)=\frac{1}{3}n^3+\frac{2}{3}n=\frac{1}{3}(n-1)n(n+1)+n$$

$(a, b)=(1, 1)$ のとき,
$$f(n)=(n-1)n(n+1)+2n$$
であり，どのような整数 n に対しても $(n-1)n(n+1)$ は連続する3つの整数の積で6の倍数となるから，いずれの場合も，$f(n)$ は整数となり，n が偶数ならば $f(n)$ も偶数となるから十分である．

したがって，求める (a, b) は，(∗) の2組である．

9. 今度は"ならば"なので，必要性だけでよいのです．

解　$-1\leqq x\leqq 1$ において $-1\leqq ax^2+bx+c\leqq 1$ ならば, $x=-1, 0, 1$ として,
$-1\leqq a-b+c\leqq 1$ ……①,　$-1\leqq c\leqq 1$ ……②,　$-1\leqq a+b+c\leqq 1$ ……③
②より，$-1\leqq -c\leqq 1$ ………………………………………………④
(①+③×3+④×4)÷2 より，$-4\leqq 2a+b\leqq 4$
(①×3+③+④×4)÷2 より，$-4\leqq 2a-b\leqq 4$
よって, $f(x)=2ax+b$ とおくと,
$$-4\leqq f(-1)\leqq 4, \quad -4\leqq f(1)\leqq 4$$
であり，$f(x)$ は1次以下であるから，$-1\leqq x\leqq 1$ において $-4\leqq f(x)\leqq 4$ が成り立つ．

10. 右辺の min では場合分けが必要ですが……．

解　$\min\{a+b, c\}\leqq \min\{a, c\}+\min\{b, c\}$ ……………①
①は，a, b に関して対称であるから，①を示すとき，$a\leqq b$ として一般性を失わない．以下では，
$$① \iff a+b\leqq \min\{a, c\}+\min\{b, c\} \quad ……………②$$
$$\text{または，} c\leqq \min\{a, c\}+\min\{b, c\} \quad ……………③$$
であることに注意する．

(i) $0\leqq c\leqq a\leqq b$ のとき
　$\min\{a, c\}=\min\{b, c\}=c$ と $c\geqq 0$ より，
$$\min\{a, c\}+\min\{b, c\}=2c\geqq c$$
となり，③が成り立つ．

(ii) $0\leqq a\leqq c\leqq b$ のとき
　$\min\{a, c\}=a$, $\min\{b, c\}=c$ と $a\geqq 0$ より，

$$\min\{a,\ c\}+\min\{b,\ c\}=a+c\geqq c$$

となり，③が成り立つ．

（ⅲ）$0\leqq a\leqq b\leqq c$ のとき

$\min\{a,\ c\}=a,\ \min\{b,\ c\}=b$ より，

$$\min\{a,\ c\}+\min\{b,\ c\}=a+b$$

となり，②が成り立つ．

（ⅰ），（ⅱ），（ⅲ）より，$a\geqq 0,\ b\geqq 0,\ c\geqq 0$ のとき，①が成り立つ．

◎講義篇・参照例題
1. ☞例題 1　　2. ☞例題 1, 2　　3. ☞例題 1, 2　　4. ☞例題 1, 2
5. ☞例題 2　　6. ☞例題 3　　　7. ☞例題 3　　　8. ☞例題 3
9. ―――――　10. ☞例題 4, 5

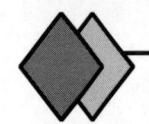

解答篇／第3章

活かす

1…B***　2…C***　3…B*　4…C***
5…B**　6…C***　7…C***　8…B***
9…B**　10…C**

1. まずは定番商品（?）から．x, y の対称式は $x+y$ と xy で表せますが，$\sin\theta$, $\cos\theta$ の対称式は（$\sin^2\theta+\cos^2\theta=1$ を用いると）$\sin\theta+\cos\theta$ だけで表せます．そこで，……．

解　$\sin\theta+\cos\theta=t$ ……①　とおくと，

$$t^2=1+2\sin\theta\cos\theta \quad \therefore \quad \sin\theta\cos\theta=\frac{t^2-1}{2} \quad \cdots\cdots\cdots\cdots ②$$

であるから，

$$\sin^3\theta+\cos^3\theta=(\sin\theta+\cos\theta)^3-3\sin\theta\cos\theta(\sin\theta+\cos\theta)$$

$$=t^3-3\cdot\frac{t^2-1}{2}\cdot t=\frac{3t-t^3}{2}$$

これが $\dfrac{11}{16}$ に等しいから，

$$\frac{3t-t^3}{2}=\frac{11}{16} \quad \therefore \quad 8t^3-24t+11=0$$

$$\therefore \quad (2t-1)(4t^2+2t-11)=0 \quad \therefore \quad t=\frac{1}{2}, \; \frac{-1\pm3\sqrt{5}}{4}$$

ここで，

$$t=\sin\theta+\cos\theta=\sqrt{2}\sin(\theta+45°)$$

により，$-\sqrt{2}\leqq t\leqq\sqrt{2}$ であるから，$t=\dfrac{1}{2}$

よって，①，②より，

$$\sin\theta+\cos\theta=\frac{1}{2}, \; \sin\theta\cos\theta=-\frac{3}{8}$$

であるから，$\sin\theta$, $\cos\theta$ は，方程式 $x^2-\dfrac{1}{2}x-\dfrac{3}{8}=0$ の2解であり，

$$(\sin\theta, \; \cos\theta)=\left(\frac{1\pm\sqrt{7}}{4}, \; \frac{1\mp\sqrt{7}}{4}\right) \quad \text{（複号同順）}$$

2. α, β の対称式を扱うと考えるのは得策ではありません．$\alpha, \beta, \dfrac{1}{\alpha\beta}$ の対称式を扱うと考えるべきです．

解 $\gamma=\dfrac{1}{\alpha\beta}$ とおくと，
$$\alpha\beta\gamma=1 \cdots\text{①}, \quad \alpha+\beta+\gamma=A \cdots\text{②},$$
$$\alpha^2+\beta^2+\gamma^2=B \cdots\text{③}, \quad \alpha^3+\beta^3+\gamma^3=C \cdots\text{④}$$
であり，
$$\alpha\beta+\beta\gamma+\gamma\alpha=\dfrac{1}{2}\{(\alpha+\beta+\gamma)^2-(\alpha^2+\beta^2+\gamma^2)\}=\dfrac{1}{2}(A^2-B) \cdots\text{⑤}$$
となるから，
$$\dfrac{1}{\alpha}+\dfrac{1}{\beta}+\alpha\beta=\dfrac{1}{\alpha}+\dfrac{1}{\beta}+\dfrac{1}{\gamma}=\dfrac{\alpha\beta+\beta\gamma+\gamma\alpha}{\alpha\beta\gamma}=\dfrac{1}{2}(\boldsymbol{A^2-B})$$
また，
$$C=\alpha^3+\beta^3+\gamma^3$$
$$=(\alpha+\beta+\gamma)(\alpha^2+\beta^2+\gamma^2-\alpha\beta-\beta\gamma-\gamma\alpha)+3\alpha\beta\gamma$$
$$=A\left\{B-\dfrac{1}{2}(A^2-B)\right\}+3=\dfrac{\boldsymbol{3}}{\boldsymbol{2}}\boldsymbol{AB}-\dfrac{\boldsymbol{1}}{\boldsymbol{2}}\boldsymbol{A^3}+\boldsymbol{3}$$
よって，$B=8, C=19$ のとき，
$$19=12A-\dfrac{1}{2}A^3+3 \quad \therefore \quad A^3-24A+32=0$$
$$\therefore \quad (A-4)(A^2+4A-8)=0 \quad \therefore \quad A=4, \ -2\pm 2\sqrt{3}$$
ここで，$\alpha>0, \beta>0, \gamma=\dfrac{1}{\alpha\beta}>0$ より，
$$A=\alpha+\beta+\gamma\geqq 3\sqrt[3]{\alpha\beta\gamma}=3$$
であるから，$\boldsymbol{A=4}$

したがって，②，⑤，①より，
$$\alpha+\beta+\gamma=4, \quad \alpha\beta+\beta\gamma+\gamma\alpha=4, \quad \alpha\beta\gamma=1$$
であるから，α, β, γ は方程式 $x^3-4x^2+4x-1=0$，つまり，
$$(x-1)(x^2-3x+1)=0$$
の 3 解であり，$\alpha>1, 0<\beta<1$ であるから，
$$\boldsymbol{\alpha=\dfrac{3+\sqrt{5}}{2}}, \quad \boldsymbol{\beta=\dfrac{3-\sqrt{5}}{2}}$$

3. A と B は直線 $y=x-c$ に関して対称なのですから，P とこの直線との距離の最小値を考えれば十分です．

解 A 上の点 $T(t, t^2)$ における A の接線 m が $l: y=x-c$ と平行であるとき，$(x^2)'=2x$ により，

$$2t=1 \quad \therefore \quad t=\frac{1}{2}$$

であるから，$T\left(\dfrac{1}{2}, \dfrac{1}{4}\right)$，$m: y=x-\dfrac{1}{4}$

よって，$c>\dfrac{1}{4}$ ……① より，m は l の上側にある．

いま，l に関する T の対称点を S とすると，S は B 上にあり，S における B の接線 n も l と平行であるから，右図のようになる．

よって，

$$PQ \geqq TS = (T と l との距離) \times 2$$

であり，等号は $P=T$ かつ $Q=S$ のとき成り立つ．

したがって，求める最小値は，①に注意すると，

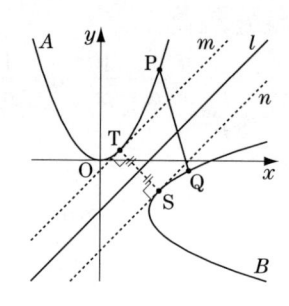

$$\frac{\left|\dfrac{1}{2}-\dfrac{1}{4}-c\right|}{\sqrt{1^2+1^2}} \times 2 = \sqrt{2}\left(c-\dfrac{1}{4}\right)$$

4. △PQR は正三角形なので，PQ の傾きから，QR，RP の傾きも得られます．

解 3点 P, Q, R は反時計回りにあるとしてよい．……………………………………①

このとき，x 軸の正の向きから直線 PQ の向きまでの角を θ とすると，

$$\tan\theta = (PQ の傾き) = \sqrt{2}$$

であり，△PQR が正三角形であることより，x 軸の正の向きから直線 QR の向きまでの角は $\theta-60°$，直線 RP の向きまでの角の一方は $\theta+60°$ であるから，直線 QR，RP の傾きは，それぞれ，

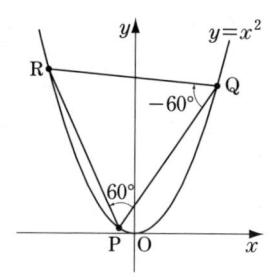

$$\tan(\theta-60°)=\frac{\tan\theta-\tan 60°}{1+\tan\theta\tan 60°}=\frac{\sqrt{2}-\sqrt{3}}{1+\sqrt{6}}$$

$$\tan(\theta+60°)=\frac{\tan\theta+\tan 60°}{1-\tan\theta\tan 60°}=\frac{\sqrt{2}+\sqrt{3}}{1-\sqrt{6}}$$

いま，P(p, p^2), Q(q, q^2), R(r, r^2) とおくと，

$$(\text{PQ の傾き})=\frac{p^2-q^2}{p-q}=p+q$$

であり，同様に，

$$(\text{QR の傾き})=q+r, \quad (\text{RP の傾き})=r+p$$

であるから，

$$p+q=\sqrt{2}\ \cdots\text{②},\quad q+r=\frac{\sqrt{2}-\sqrt{3}}{1+\sqrt{6}}\ \cdots\text{③},\quad r+p=\frac{\sqrt{2}+\sqrt{3}}{1-\sqrt{6}}\ \cdots\text{④}$$

③-④より，

$$q-p=\frac{\sqrt{2}-\sqrt{3}}{1+\sqrt{6}}-\frac{\sqrt{2}+\sqrt{3}}{1-\sqrt{6}}$$
$$=\frac{(\sqrt{2}-\sqrt{3})(1-\sqrt{6})-(\sqrt{2}+\sqrt{3})(1+\sqrt{6})}{(1+\sqrt{6})(1-\sqrt{6})}=\frac{6\sqrt{3}}{5}\ \cdots\text{⑤}$$

であるから，PQ の傾きが $\sqrt{2}$ であることと PQ=a より

$$a=\sqrt{1^2+(\sqrt{2})^2}(q-p)=\frac{18}{5}$$

⇨**注** ①は，R が直線 PQ の下側にあるときには，右図のように点を名付けるということですから，上の解答はこの場合も考えていることになります（⑤より，$p<q$ なので，結果的にはこの場合はありません）．

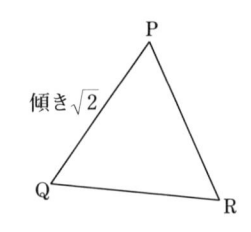

なお，a の値を求めることが目標だったため，②は用いませんでしたが，P, Q, R を求めることが目標なら，②，③，④を連立することになります．

5．対称性の高い配置になっていますから，それをうまく利用した設定をしましょう．

解 1．対称性により，l が線分 A_1A_2 と共有点をもつ場合についてのみ示せばよい．

このとき，共有点を P，∠POA$_2$=θ
($0°\leq\theta\leq 60°$) とすると，
$$d_1=d_4=r\sin(60°-\theta),$$
$$d_2=d_5=r\sin\theta,$$
$$d_3=d_6=r\sin(60°+\theta)$$
であるから，$c=\cos\theta$, $s=\sin\theta$ とおくと，
$$D=2r^2\{\sin^2(60°+\theta)+\sin^2(60°-\theta)+\sin^2\theta\}$$
$$=2r^2\left\{\left(\frac{\sqrt{3}}{2}c+\frac{1}{2}s\right)^2+\left(\frac{\sqrt{3}}{2}c-\frac{1}{2}s\right)^2+s^2\right\}$$
$$=3r^2(c^2+s^2)=\mathbf{3r^2}$$
となり，D は l によらず一定である．

解 2. $A_1(r, 0)$, $A_2\left(\dfrac{r}{2}, \dfrac{\sqrt{3}}{2}r\right)$, $A_3\left(-\dfrac{r}{2}, \dfrac{\sqrt{3}}{2}r\right)$, $O(0, 0)$ となるように座標系を設定し，$l: ax+by=0$ $(a^2+b^2\neq 0)$ とすると，O に関する対称性により，
$$d_1=d_4=\frac{|ar|}{\sqrt{a^2+b^2}}=\frac{r|a|}{\sqrt{a^2+b^2}},$$
$$d_2=d_5=\frac{\left|a\cdot\dfrac{r}{2}+b\cdot\dfrac{\sqrt{3}}{2}r\right|}{\sqrt{a^2+b^2}}=\frac{r|a+\sqrt{3}\,b|}{2\sqrt{a^2+b^2}},$$
$$d_3=d_6=\frac{\left|a\cdot\dfrac{r}{2}-b\cdot\dfrac{\sqrt{3}}{2}r\right|}{\sqrt{a^2+b^2}}=\frac{r|a-\sqrt{3}\,b|}{2\sqrt{a^2+b^2}}.$$

よって，
$$D=2\left\{\left(\frac{r|a|}{\sqrt{a^2+b^2}}\right)^2+\left(\frac{r|a+\sqrt{3}\,b|}{2\sqrt{a^2+b^2}}\right)^2+\left(\frac{r|a-\sqrt{3}\,b|}{2\sqrt{a^2+b^2}}\right)^2\right\}$$
$$=2r^2\cdot\frac{4a^2+(a+\sqrt{3}\,b)^2+(a-\sqrt{3}\,b)^2}{4(a^2+b^2)}=\mathbf{3r^2}$$
となり，D は l によらず一定である．

6. 与えられた条件は，x, z に関して対称ですが，整式ではないので，$x+z$ と xz で表すというわけにはいきません．そこで，……．

解 題意より，

$$\cos^2 y = \sin x \sin z, \quad 2\cos y = \sqrt{2}\cos x + \sqrt{2}\cos z$$

ここで，$x+y+z=180°$ より，
$$\cos y = \cos\{180° - (x+z)\} = -\cos(x+z)$$

また，
$$\sin x \sin z = \frac{1}{2}\{\cos(x-z) - \cos(x+z)\},$$
$$\cos x + \cos z = 2\cos\frac{x+z}{2}\cos\frac{x-z}{2}$$

であるから，
$$\cos^2(x+z) = \frac{1}{2}\{\cos(x-z) - \cos(x+z)\}$$
$$-2\cos(x+z) = 2\sqrt{2}\cos\frac{x+z}{2}\cos\frac{x-z}{2}$$

$x+z=u$, $x-z=v$ とおくと，
$$2\cos^2 u = \cos v - \cos u \quad \cdots\cdots\cdots\cdots\cdots ①$$
$$-\cos u = \sqrt{2}\cos\frac{u}{2}\cos\frac{v}{2} \quad \cdots\cdots\cdots\cdots\cdots ②$$

②の両辺を2乗して2倍すると，
$$2\cos^2 u = 2\cos^2\frac{u}{2}\cdot 2\cos^2\frac{v}{2} = (1+\cos u)(1+\cos v)$$

①を用いて $\cos v$ を消去し，
$$2\cos^2 u = (1+\cos u)(1+\cos u + 2\cos^2 u)$$
$$\therefore\quad 2\cos^3 u + \cos^2 u + 2\cos u + 1 = 0$$
$$\therefore\quad (2\cos u + 1)(\cos^2 u + 1) = 0$$
$$\therefore\quad \cos u = -\frac{1}{2} \quad \therefore\quad \cos v = 0 \quad (\because ①)$$

ここで，$0° < u = x+z = 180° - y < 180°$，$0° > v = x-z > -z > -180°$ であるから，
$$x+z = u = 120°, \quad x-z = v = -90°$$
$$\therefore\quad x = 15°, \quad z = 105° \quad \therefore\quad y = 60°$$

7．対称性がありそうに見えて，実は……，という問題．与えられた条件のうち，不等式には対称性がないので，x, y, z のどれを消去しても同じというわけにはいかないのです．1文字消去したあとは斉次式（同次式）の性質

第3章　活かす　　155

を利用しましょう.

解 $x+y+z=0$ より, $y=-(x+z)$ ……① であるから,
$$ayz+bzx+cxy=-(az+cx)(x+z)+bzx$$
$$=-\{az^2+(a+c-b)zx+cx^2\}$$

（ⅰ） $x=0$ のとき
$$ayz+bzx+cxy=-az^2$$
であるから, $a>0$ より,
$$ayz+bzx+cxy\leq 0 \quad\cdots\cdots②$$
は成り立ち, 等号成立条件は $z=0$.

（ⅱ） $x\neq 0$ のとき, $t=\dfrac{z}{x}$ とおくと,
$$② \iff at^2+(a+c-b)t+c\geq 0 \quad\cdots\cdots③$$
ここで, 方程式 $aX^2+(a+c-b)X+c=0$ ……④の判別式を D とすると, $D=(a+c-b)^2-4ac$ であり, $\dfrac{1}{4}\leq c\leq b\leq a\leq 1$ より, $(0<)\,c\leq a+c-b\leq a$ であるから,
$$D=(a+c-b)^2-4ac\leq a^2-4ac \quad\cdots\cdots⑤$$
$$=a(a-4c)$$
$$\leq a\left(1-4\cdot\dfrac{1}{4}\right)=0 \quad\cdots\cdots⑥$$

よって, $a>0$ とから, ③は成り立ち, 等号成立条件は, $D=0$ かつ t が④の解であることである.

⑤の等号が $a+c-b=a$, ⑥の等号が $a=1$, $c=\dfrac{1}{4}$ で成り立つことに注意すると, この等号成立条件は,
$$a+c-b=a,\ a=1,\ c=\dfrac{1}{4},\ t=-\dfrac{a+c-b}{2a}$$
$$\therefore\ a=1,\ b=c=\dfrac{1}{4},\ \dfrac{z}{x}=-\dfrac{1}{2}$$

（ⅰ）,（ⅱ）より, ②は成り立ち, ①にも注意すると, 等号成立条件は,
$$x=y=z=0,\ \text{または},\ \left(a=1,\ b=c=\dfrac{1}{4},\ y=z=-\dfrac{x}{2}\neq 0\right)$$

8. $\sqrt{x}$ と $\sqrt{y}$ の斉次式（同次式）のように見ることができれば, 1 変数にして処理することができます.

解 　任意の正数 x, y に対して $\sqrt{x}+\sqrt{y}\leqq k\sqrt{2x+y}$ が成り立つ

$\iff$ 任意の正数 x, y に対して $1+\sqrt{\dfrac{y}{x}}\leqq k\sqrt{2+\dfrac{y}{x}}$

　　が成り立つ ……………………………………(＊)

であり，$t=\sqrt{\dfrac{y}{x}}$ とおくと，

　　(＊) $\iff$ 任意の正数 t に対して $1+t\leqq k\sqrt{2+t^2}$ …………①

　　　　が成り立つ ……………………………………(＊＊)

となる．

　任意の正数 t に対して①が成り立つためには，明らかに，$k>0$ が必要であり，$k>0$ のもとでは，

　　　　① $\iff (1+t)^2\leqq k^2(2+t^2)$

　　　　　 $\iff (k^2-1)t^2-2t+2k^2-1\geqq 0$ ………………②

$k=1$ のとき，②は $-2t+1\geqq 0$ となり，これは任意の正数 t に対しては成り立たない．

$k\neq 1$ のとき，

　　② $\iff (k^2-1)\left(t-\dfrac{1}{k^2-1}\right)^2+2k^2-1-\dfrac{1}{k^2-1}\geqq 0$ ……③

であり，③が任意の正数 t に対して成り立つ条件は，

$$k^2-1>0,\ \ 2k^2-1-\dfrac{1}{k^2-1}\geqq 0$$

以上より，

　　任意の正数 x, y に対して $\sqrt{x}+\sqrt{y}\leqq k\sqrt{2x+y}$ が成り立つ

　　$\iff k>0,\ k^2-1>0,\ 2k^2-1-\dfrac{1}{k^2-1}\geqq 0$

　　$\iff k>1,\ (2k^2-1)(k^2-1)-1\geqq 0$

　　$\iff k>1,\ k^2(2k^2-3)\geqq 0$

　　$\iff k\geqq \dfrac{\sqrt{6}}{2}$

となるから，求める k の最小値は，$\boldsymbol{k=\dfrac{\sqrt{6}}{2}}$

⇨ **注1.** 理系の人は，

　　(＊＊) $\iff$ 任意の正数 t に対して $\dfrac{1+t}{\sqrt{2+t^2}}\leqq k$ が成り立つ

と言い換えて，ty 平面上の曲線 $y=\dfrac{1+t}{\sqrt{2+t^2}}$ ($t>0$) と直線 $y=k$ の上下関係を考えた方が手早いでしょう．

⇨**注 2.** 実は，コーシー・シュワルツの不等式を用いるのが，最も簡単な解法です．

$\vec{a}=\left(\dfrac{1}{\sqrt{2}},\ 1\right)$, $\vec{b}=(\sqrt{2x},\ \sqrt{y})$ とおくと，$\vec{a}\cdot\vec{b}\leqq|\vec{a}||\vec{b}|$ より，

$$\dfrac{1}{\sqrt{2}}\cdot\sqrt{2x}+1\cdot\sqrt{y}\leqq\sqrt{\left(\dfrac{1}{\sqrt{2}}\right)^2+1^2}\sqrt{(\sqrt{2x})^2+(\sqrt{y})^2}$$

$$\therefore\quad \sqrt{x}+\sqrt{y}\leqq\dfrac{\sqrt{6}}{2}\sqrt{2x+y} \qquad \therefore\quad \dfrac{\sqrt{x}+\sqrt{y}}{\sqrt{2x+y}}\leqq\dfrac{\sqrt{6}}{2}$$

この不等式の等号は，a と b が同じ向きのとき，つまり，

$$\dfrac{1}{\sqrt{2}}:1=\sqrt{2x}:\sqrt{y} \qquad \therefore\quad y=4x>0$$

のとき成り立つので，$\dfrac{\sqrt{x}+\sqrt{y}}{\sqrt{2x+y}}$ の最大値は $\dfrac{\sqrt{6}}{2}$ であり，求める k の最小値は，$k=\dfrac{\sqrt{6}}{2}$ となります．

9. 現れる式の次数がそろっているので……．

解 a, b, c, d が正の数で，

$$a^3+b^3+c^3=d^3 \quad \cdots\cdots\cdots\cdots\cdots\cdots\cdots ①$$

であるから，

$$0<a<d,\ 0<b<d,\ 0<c<d \quad \cdots\cdots\cdots ②$$

$$\therefore\quad 0<\dfrac{a}{d}<1,\ 0<\dfrac{b}{d}<1,\ 0<\dfrac{c}{d}<1$$

よって，$f(x)=\left(\dfrac{a}{d}\right)^x+\left(\dfrac{b}{d}\right)^x+\left(\dfrac{c}{d}\right)^x$ とおくと，$f(x)$ は減少関数であり，①より，$f(3)=1$ であるから，

$$x<3\text{ のとき，}f(x)>1,\ x>3\text{ のとき }f(x)<1$$

したがって，

$n\leqq 2$ のとき，$f(n)>1$ より，$a^n+b^n+c^n>d^n$

$n=3$ のとき， $\qquad\qquad a^n+b^n+c^n=d^n$

$n\geqq 4$ のとき，$f(n)<1$ より，$a^n+b^n+c^n<d^n$

➡**注** ②より，$n≦2$ のとき，
$$d^3=a^3+b^3+c^3<a^nd^{3-n}+b^nd^{3-n}+c^nd^{3-n}$$
$$∴\quad d^n<a^n+b^n+c^n$$
$n≧4$ のとき，
$$a^n+b^n+c^n<d^{n-3}a^3+d^{n-3}b^3+d^{n-3}c^3=d^n$$
とする方法もあるが，これは★．

10．分母がすべて $x_1+x_2+\cdots+x_n$ なら和はちょうど 1 なので……．

解 $x_i>0$（$i=1,\ 2,\ \cdots,\ n$）より，
$$\frac{x_1}{x_1+x_2}>\frac{x_1}{x_1+x_2+\cdots+x_n}$$
$$\frac{x_2}{x_2+x_3}>\frac{x_2}{x_1+x_2+\cdots+x_n}$$
$$\cdots\cdots$$
$$\frac{x_{n-1}}{x_{n-1}+x_n}>\frac{x_{n-1}}{x_1+x_2+\cdots+x_n}$$
$$\frac{x_n}{x_n+x_1}>\frac{x_n}{x_1+x_2+\cdots+x_n}$$

であるから，これらの n 本の式を辺ごとに加えて，
$$\frac{x_1}{x_1+x_2}+\frac{x_2}{x_2+x_3}+\cdots+\frac{x_{n-1}}{x_{n-1}+x_n}+\frac{x_n}{x_n+x_1}>1 \quad\cdots\cdots\cdots①$$

同様に，
$$\frac{x_2}{x_1+x_2}+\frac{x_3}{x_2+x_3}+\cdots+\frac{x_n}{x_{n-1}+x_n}+\frac{x_1}{x_n+x_1}>1 \quad\cdots\cdots\cdots②$$

いま，
$$(①の左辺)+(②の左辺)=n$$
であるから，①，② より，
$$1<(①の左辺)<n-1$$
となり，与えられた不等式は成り立つ．

◎講義篇・参照例題 ―――――――――――――――――――

1. ―――――― 2. ☞例題 2 3. ☞例題 1 4. ――――――
5. ☞例題 2 6. ―――――― 7. ☞例題 4 8. ☞例題 4
9. ☞例題 4 10. ☞例題 5

解答篇／第4章

設定する

1…A*　2…A**　3…A**　4…B**
5…B***　6…B***　7…B***　8…C**
9…C***

1. まずは典型的なパターンから．設定するのはもちろん比の値です．

解　$\dfrac{a+b+c}{a}=\dfrac{a+b+c}{b}=\dfrac{a+b+c}{c}=k$

とおくと，

$$a+b+c=ka \quad \cdots\cdots\cdots ①$$
$$a+b+c=kb \quad \cdots\cdots\cdots ②$$
$$a+b+c=kc \quad \cdots\cdots\cdots ③$$

①+②+③より，

$$3(a+b+c)=k(a+b+c)$$
$$\therefore \quad a+b+c=0 \text{ または } k=3$$

$a+b+c=0$ のとき，

$$\dfrac{(b+c)(c+a)(a+b)}{abc}=\dfrac{(-a)(-b)(-c)}{abc}=-1$$

$k=3$ のとき，①，②，③より，

$$b+c=2a,\ c+a=2b,\ a+b=2c \quad \cdots\cdots ④$$

であるから，

$$\dfrac{(b+c)(c+a)(a+b)}{abc}=\dfrac{2a\cdot 2b\cdot 2c}{abc}=8$$

よって，求める値は，**-1 または 8**

⇨**注**　④ $\Longleftrightarrow a=b=c$

2. 整式の除法の問題，特に余りを求める問題では，条件を取り入れやすいように余りを設定すると，あとの計算が簡単になります．

解　$f(x)$ を $(x-3)^2(x-1)$ で割った商を $Q(x)$，余りを $a(x-3)^2+bx+c$ とおくと，

$$f(x)=(x-3)^2(x-1)Q(x)+a(x-3)^2+bx+c \quad \cdots\cdots ①$$

このとき，$f(x)$ を $(x-3)^2$ で割った余りが $2x+1$ であることから，$b=2,\ c=1$

また，$(x-1)^2$ で割った商を $Q_1(x)$ とすると，余りが $4x+3$ であることにより，
$$f(x)=(x-1)^2Q_1(x)+4x+3$$
となるから，$x=1$ として，$f(1)=7$
　すると，①より，
$$4a+b+c=7 \quad \therefore \quad a=1$$
　よって，求める余りは，
$$(x-3)^2+2x+1=\boldsymbol{x^2-4x+10}$$

3. 整式の除法の問題をもう一問．今度は余りをどう設定するのが適切でしょうか？

解　$x^3-1=0$ つまり，$(x-1)(x^2+x+1)=0$ の虚数解の1つを ω とすると，
$$\omega^2+\omega+1=0, \quad \omega^3=1 \quad \cdots\cdots\cdots\cdots\cdots\cdots\text{①}$$
が成り立つ．
　$(x+1)^7$ を x^3-1 で割った商を $Q(x)$，余りを $a(x^2+x+1)+bx+c$ とすると，
$$(x+1)^7=(x^3-1)Q(x)+a(x^2+x+1)+bx+c \quad \cdots\cdots\text{②}$$
②で $x=1$ として，
$$3a+b+c=128 \quad \cdots\cdots\cdots\cdots\cdots\cdots\cdots\text{③}$$
また，②で $x=\omega$ として，①を用いると，
$$b\omega+c=(\omega+1)^7=(-\omega^2)^7=-\omega^{14}=-\omega^2=\omega+1$$
ここで，a, b, c は明らかに実数であるから，
$$b=1, c=1 \quad \therefore \quad a=42 \quad (\because \text{ ③})$$
よって，求める余りは，
$$42(x^2+x+1)+x+1=\boldsymbol{42x^2+43x+43}$$

4. $\dfrac{1}{a}-\dfrac{1}{b}=\dfrac{1}{b}-\dfrac{1}{c}=\dfrac{1}{c}-\dfrac{1}{d}$ は，4数 $\dfrac{1}{d}, \dfrac{1}{c}, \dfrac{1}{b}, \dfrac{1}{a}$ が等差数列をなすということに他なりません．となれば設定するものは決まってしまいますね．

解　まず，a, b, c, d は0ではないから，
$$ab+bc+cd=3ad \quad \cdots\cdots\cdots\cdots\cdots\cdots\cdots\text{①}$$
$$\iff \frac{1}{cd}+\frac{1}{ad}+\frac{1}{ab}=\frac{3}{bc} \quad \cdots\cdots\cdots\cdots\cdots\text{②}$$

$\dfrac{1}{a}-\dfrac{1}{b}=\dfrac{1}{b}-\dfrac{1}{c}=\dfrac{1}{c}-\dfrac{1}{d}$ より，4数 $\dfrac{1}{d},\ \dfrac{1}{c},\ \dfrac{1}{b},\ \dfrac{1}{a}$ はこの順に等差数列をなすから，初項 $\dfrac{1}{d}$ を a'，公差を d' とおくと，

$$\dfrac{1}{d}=a',\quad \dfrac{1}{c}=a'+d',\quad \dfrac{1}{b}=a'+2d',\quad \dfrac{1}{a}=a'+3d'$$

となるから，

$$\dfrac{1}{cd}+\dfrac{1}{ad}+\dfrac{1}{ab}-\dfrac{3}{bc}$$
$$=(a'+d')a'+(a'+3d')a'+(a'+3d')(a'+2d')-3(a'+2d')(a'+d')$$
$$=0$$

よって，②，すなわち，①は成り立つ．

5. おとなしく a，b，c のままやってもできますが，接点の x 座標を設定してみると……．

解 $y=ax^2+bx+c$ ……① が $1\leqq x\leqq 2$ で x 軸と接することにより，
$$ax^2+bx+c=a(x-\alpha)^2 \quad (1\leqq \alpha \leqq 2\ \cdots\cdots ②)$$
とかけるから，両辺の係数を比較して，
$$b=-2a\alpha\ \cdots\cdots ③,\quad c=a\alpha^2\ \cdots\cdots ④$$
すると，①が 2 点 $(0,\ k)$，$(2,\ 1)$ を通ることにより，
$$a\alpha^2=k\ \cdots\cdots ⑤,\quad a(2-\alpha)^2=1\ \cdots\cdots ⑥$$
⑥より，$\alpha\neq 2$ であるから，②とから，
$$1\leqq \alpha <2 \quad\cdots\cdots\cdots\cdots\cdots\cdots\cdots\cdots ②'$$
⑤，⑥から，a を消去して整理し，
$$k=\left(\dfrac{\alpha}{2-\alpha}\right)^2 \quad\cdots\cdots\cdots\cdots\cdots\cdots\cdots ⑦$$
ここで，
$$\dfrac{\alpha}{2-\alpha}=-1+\dfrac{2}{2-\alpha}\geqq 1\quad (\because\ ②')$$
であるから，k の条件は，$\boldsymbol{k\geqq 1}$

このとき，⑦より，
$$\sqrt{k}=\dfrac{\alpha}{2-\alpha}\quad \therefore\quad \alpha=\dfrac{2\sqrt{k}}{\sqrt{k}+1}$$
であるから，⑤，③，④より，

$$a=\left(\frac{\sqrt{k}+1}{2}\right)^2,\ b=-(k+\sqrt{k}),\ c=k$$

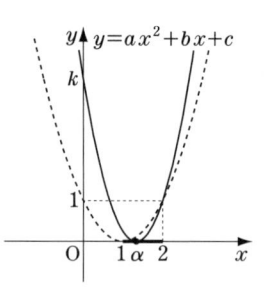

⇨注　点 (2, 1) を通り x 軸に接する放物線 $y=ax^2+bx+c$ と，x 軸との接点の x 座標を 1 から 2 まで動かしてグラフを考えると，2 次の係数 a と y 切片 k が増加することはほぼ明らかです．

6. ∠BAC にこだわって図形的に考えるとちょっと面倒（⇨注）ですが，座標を設定してしまえば機械的な計算で済みます．

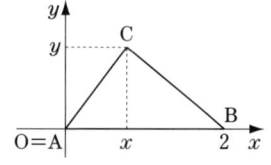

解　A$(0,0)$，B$(2,0)$，C(x, y) $(y>0)$ となるように座標系を設定すると，

$$\triangle\text{ABC}=1 \iff \frac{1}{2}\cdot 2\cdot y=1 \iff y=1$$

このとき，

$$\begin{aligned}
\text{BC}^2+(2\sqrt{3}-1)\text{AC}^2 &= \{(2-x)^2+1\}+(2\sqrt{3}-1)(x^2+1) \\
&= 2\sqrt{3}\,x^2-4x+2\sqrt{3}+4 \\
&= 2\sqrt{3}\left(x-\frac{1}{\sqrt{3}}\right)^2+\frac{4\sqrt{3}}{3}+4
\end{aligned}$$

よって，BC^2+$(2\sqrt{3}-1)$AC^2 は $x=\dfrac{1}{\sqrt{3}}$ のとき最小となり，このとき，

$$\tan\angle\text{BAC}=\frac{1}{x}=\sqrt{3}\ \text{より，}\ \angle\textbf{BAC}=\frac{\pi}{3}$$

⇨注　∠BAC$=\theta$（$0<\theta<\pi$）とおくと

$$\triangle\text{ABC}=1 \iff \frac{1}{2}\cdot 2\cdot \text{AC}\sin\theta=1$$

$$\iff \text{AC}=\frac{1}{\sin\theta}$$

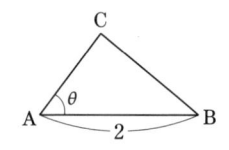

一方，余弦定理より，

$$\text{BC}^2=2^2+\text{AC}^2-2\cdot 2\cdot \text{AC}\cos\theta$$

なので，

$$\begin{aligned}
\text{BC}^2+(2\sqrt{3}-1)\text{AC}^2 &= 2\sqrt{3}\,\text{AC}^2-4\text{AC}\cos\theta+4 \\
&= \frac{2\sqrt{3}}{\sin^2\theta}-4\cdot\frac{\cos\theta}{\sin\theta}+4
\end{aligned}$$

となり，この関数を最大にする θ を求めることになります．なお，この関数を微分するのは数Ⅲの範囲．また，$t=\dfrac{\cos\theta}{\sin\theta}$ と置き換えると2次関数になるがこれは★．

7． 対称性に注目して座標（成分）を設定すれば機械的な計算で済みます．

解　x 軸の正方向が $\vec{c}$ と同じ向きであるように座標系を設定すると，（ⅱ）より，$\vec{c}=(1,\ 0)$ であり，$\vec{a}=(\cos\alpha,\ \sin\alpha)$，$\vec{b}=(\cos\beta,\ \sin\beta)$ $(-\pi\leqq\alpha\leqq\pi,\ -\pi\leqq\beta\leqq\pi)$ とおける．

このとき，
$$\vec{a}\cdot\vec{c}=\cos\alpha,\ \vec{b}\cdot\vec{c}=\cos\beta,$$
$$\vec{a}\cdot\vec{b}=\cos\alpha\cos\beta+\sin\alpha\sin\beta=\cos(\alpha-\beta)\ \cdots\cdots\text{①}$$

であるから，（ⅰ）より，
$$\cos\alpha=\cos\beta\ \cdots\cdots\text{②},\ \cos\alpha=-\sqrt{3}\cos(\alpha-\beta)\ \cdots\cdots\text{③}$$

②と $-\pi\leqq\alpha\leqq\pi$，$-\pi\leqq\beta\leqq\pi$ より，
$$\beta=\pm\alpha$$

であるから，$\beta=\alpha$ とすると，③より，$\cos\alpha=-\sqrt{3}$ となり不合理であるから，
$$\beta=-\alpha$$

よって，①，③より，
$$\vec{a}\cdot\vec{b}=\cos2\alpha\ \cdots\cdots\text{①}',\ \cos\alpha=-\sqrt{3}\cos2\alpha\ \cdots\cdots\text{③}'$$

①'，③' より，
$$\vec{a}\cdot\vec{b}=-\dfrac{1}{\sqrt{3}}\cos\alpha$$

であり，③' より，
$$\cos\alpha=-\sqrt{3}(2\cos^2\alpha-1)$$
$$\therefore\ 2\sqrt{3}\cos^2\alpha+\cos\alpha-\sqrt{3}=0$$
$$\therefore\ (2\cos\alpha+\sqrt{3})(\sqrt{3}\cos\alpha-1)=0$$
$$\therefore\ \cos\alpha=-\dfrac{\sqrt{3}}{2},\ \dfrac{1}{\sqrt{3}}$$

であるから，
$$\vec{a}\cdot\vec{b}=\dfrac{1}{2},\ -\dfrac{1}{3}$$

⇨注 $\vec{a}=(x, y)$, $\vec{b}=(u, v)$ $(x^2+y^2=1,\ u^2+v^2=1)$ とおいても同様にできます．

8．（1） 成分を設定する方法もありますが，ここは成分を持ち出さずにやりたいところ．ただし，$\vec{d}=\vec{a},\ \vec{b},\ \vec{c}$ とするだけではうまくいきません．単位ベクトルをもう1つ設定することがポイントです．

解　（1）任意の単位ベクトル $\vec{d}$ に対して，
$$(\vec{a}\cdot\vec{d})^2+(\vec{b}\cdot\vec{d})^2+(\vec{c}\cdot\vec{d})^2=k \quad\cdots\cdots\text{①}$$
が成り立つから，①で $\vec{d}=\vec{a},\ \vec{b}$ として，$|\vec{a}|=|\vec{b}|=|\vec{c}|=1$ に注意すると，
$$1+(\vec{a}\cdot\vec{b})^2+(\vec{a}\cdot\vec{c})^2=k \quad\cdots\cdots\text{②}$$
$$(\vec{a}\cdot\vec{b})^2+1+(\vec{b}\cdot\vec{c})^2=k \quad\cdots\cdots\text{③}$$
一方，空間には，2つのベクトル $\vec{b},\ \vec{c}$ の両方に垂直な単位ベクトルが少なくとも1つ存在するから，その1つを $\vec{e}$ とし，①で $\vec{d}=\vec{e}$ とし，$\vec{b}\cdot\vec{e}=\vec{c}\cdot\vec{e}=0$ に注意すると，
$$(\vec{a}\cdot\vec{e})^2=k \quad\cdots\cdots\text{④}$$
②より，
$$k=1+(\vec{a}\cdot\vec{b})^2+(\vec{a}\cdot\vec{c})^2\geqq 1$$
であり，④より，
$$k=(\vec{a}\cdot\vec{e})^2\leqq |\vec{a}|^2|\vec{e}|^2=1$$
であるから，
$$k=1 \quad\cdots\cdots\text{⑤}$$

（2）②，③，⑤より，
$$(\vec{a}\cdot\vec{b})^2+(\vec{a}\cdot\vec{c})^2=0,\ (\vec{a}\cdot\vec{b})^2+(\vec{b}\cdot\vec{c})^2=0$$
$$\therefore\ \vec{a}\cdot\vec{b}=\vec{a}\cdot\vec{c}=\vec{b}\cdot\vec{c}=0$$
であるから，
$$\vec{a}\cdot\vec{p}=|\vec{a}|^2+2\vec{a}\cdot\vec{b}+3\vec{a}\cdot\vec{c}=1$$
$$\vec{b}\cdot\vec{p}=\vec{a}\cdot\vec{b}+2|\vec{b}|^2+3\vec{b}\cdot\vec{c}=2$$
$$\vec{c}\cdot\vec{p}=\vec{a}\cdot\vec{c}+2\vec{b}\cdot\vec{c}+3|\vec{c}|^2=3$$
よって，
$$(\vec{a}\cdot\vec{p})^2+(\vec{b}\cdot\vec{p})^2+(\vec{c}\cdot\vec{p})^2=1^2+2^2+3^2=\mathbf{14}$$

⇨**注** 成分を設定するときには，たとえば，$\vec{a}=(1,\ 0,\ 0)$，$\vec{b}=(s,\ t,\ 0)$，$\vec{c}=(u,\ v,\ w)$ $(s^2+t^2=1,\ u^2+v^2+w^2=1$ ……⑥$)$ とおき，①で，$\vec{d}=(1,\ 0,\ 0),\ (0,\ 1,\ 0),\ (0,\ 0,\ 1)$ として，
$$1+s^2+u^2=k,\quad t^2+v^2=k,\quad w^2=k \quad\cdots\cdots\text{⑦}$$
3式を加えて，
$$3k=1+(s^2+t^2)+(u^2+v^2+w^2)=3 \quad\therefore\quad k=1$$
とすることになります．

このとき，⑥，⑦より，s，t，u，v，w が求まるので，（2）も解決します．

9．（2） 座標系にのっていますが，3点 A，B，P から Q をつくるため（平行四辺形の3つの頂点から第4頂点を求めるということ）ベクトルを主役にすべき問題です．ただし，どう設定するかによって，その後の展開が大きく異なります．

解（1）P＝O のとき，長方形 OAQB において，OA＝OB＝1 であるから，長方形 OAQB は1辺の長さが1の正方形となる．

よって，OQ＝$\sqrt{2}$ であるから，点 Q の存在範囲は O を中心とする半径 $\sqrt{2}$ の円 $x^2+y^2=2$ であり，右図の太線部のようになる．

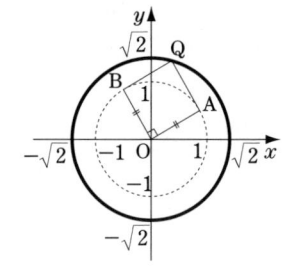

（2）4点 A，B，P，Q が $\angle\text{APB}=90°$ の長方形をなすことにより，
$$\vec{\text{PA}}\cdot\vec{\text{PB}}=0,\ \text{かつ，}\square\text{PAQB は平行四辺形}$$
$\therefore\ (\vec{\text{OA}}-\vec{\text{OP}})\cdot(\vec{\text{OB}}-\vec{\text{OP}})=0$，かつ，$\vec{\text{OA}}+\vec{\text{OB}}=\vec{\text{OP}}+\vec{\text{OQ}}$
$\therefore\ \vec{\text{OA}}\cdot\vec{\text{OB}}-\vec{\text{OA}}\cdot\vec{\text{OP}}-\vec{\text{OB}}\cdot\vec{\text{OP}}+|\vec{\text{OP}}|^2=0$，
かつ，$\vec{\text{OQ}}=-\vec{\text{OP}}+\vec{\text{OA}}+\vec{\text{OB}}$

よって，$|\vec{\text{OA}}|=|\vec{\text{OB}}|=1$，$|\vec{\text{OP}}|=r$ にも注意すると，
$$\begin{aligned}
|\vec{\text{OQ}}|^2 &= |-\vec{\text{OP}}+\vec{\text{OA}}+\vec{\text{OB}}|^2 \\
&= |\vec{\text{OP}}|^2+|\vec{\text{OA}}|^2+|\vec{\text{OB}}|^2+2(\vec{\text{OA}}\cdot\vec{\text{OB}}-\vec{\text{OA}}\cdot\vec{\text{OP}}-\vec{\text{OB}}\cdot\vec{\text{OP}}) \\
&= |\vec{\text{OP}}|^2+|\vec{\text{OA}}|^2+|\vec{\text{OB}}|^2-2|\vec{\text{OP}}|^2 \\
&= |\vec{\text{OA}}|^2+|\vec{\text{OB}}|^2-|\vec{\text{OP}}|^2=2-r^2
\end{aligned}$$
$\therefore\ |\vec{\text{OQ}}|=\sqrt{2-r^2}$

（3） PがCの内部にあることにより，$0 \leq r < 1$ であるから，（2）より，$1 < |\overrightarrow{OQ}| \leq \sqrt{2}$

よって，点Qの存在範囲は $1 < x^2+y^2 \leq 2$ であり，右図の網目部分（実線の境界を含み，点線の境界を除く）のようになる．

別解 （2） $\overrightarrow{PA}=\vec{a}$, $\overrightarrow{PB}=\vec{b}$ とすると，$\vec{a}$, $\vec{b}$ は線形独立（1次独立）であるから，$\overrightarrow{OP}=s\vec{a}+t\vec{b}$ とおける．

このとき，
$$\overrightarrow{OA}=\overrightarrow{OP}+\overrightarrow{PA}=(s+1)\vec{a}+t\vec{b}$$
$$\overrightarrow{OB}=\overrightarrow{OP}+\overrightarrow{PB}=s\vec{a}+(t+1)\vec{b}$$
$$\overrightarrow{OQ}=\overrightarrow{OP}+\overrightarrow{PA}+\overrightarrow{PB}$$
$$=(s+1)\vec{a}+(t+1)\vec{b}$$

となるから，$\vec{a}\cdot\vec{b}=0$ に注意すると，
$$|\overrightarrow{OA}|^2=(s+1)^2|\vec{a}|^2+t^2|\vec{b}|^2$$
$$|\overrightarrow{OB}|^2=s^2|\vec{a}|^2+(t+1)^2|\vec{b}|^2$$
$$|\overrightarrow{OP}|^2=s^2|\vec{a}|^2+t^2|\vec{b}|^2$$
$$|\overrightarrow{OQ}|^2=(s+1)^2|\vec{a}|^2+(t+1)^2|\vec{b}|^2$$

となる．

よって，$|\overrightarrow{OA}|=|\overrightarrow{OB}|=1$, $|\overrightarrow{OP}|=r$ より，
$$(s+1)^2|\vec{a}|^2+t^2|\vec{b}|^2=1 \quad\cdots\cdots ①$$
$$s^2|\vec{a}|^2+(t+1)^2|\vec{b}|^2=1 \quad\cdots\cdots ②$$
$$s^2|\vec{a}|^2+t^2|\vec{b}|^2=r^2 \quad\cdots\cdots ③$$

であるから，①+②－③より，
$$(s+1)^2|\vec{a}|^2+(t+1)^2|\vec{b}|^2=2-r^2$$

となり，
$$|\overrightarrow{OQ}|^2=2-r^2 \quad \therefore \quad |\overrightarrow{OQ}|=\sqrt{2-r^2}$$

◎講義篇・参照例題

1. ☞例題2　2. ☞例題1　3. ☞例題1　4. ☞例題2
5. ☞例題2　6. ☞例題3　7. ☞例題3　8. ────
9. ☞例題5

解答篇／第5章

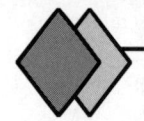

自然流，逆手流

1…B**　　2…C***　　3…B**　　4…C***
5…B**　　6…B****　　7…C***　　8…C***
9…B**　　10…B***

1． $x+y$ が k という値をとり得るかどうかを，$x+y=k$ となる x, y が存在するかどうかと言い換えて調べる．これが逆手流で値域を求めるときの基本です．

解　$x+y$ が実数値 k をとりうる条件は，
$$x+y=k \ \cdots\cdots ①, \quad x^3+y^3=3xy \ \cdots\cdots ②$$
をともに満たす実数 x, y が存在すること $\cdots\cdots\cdots\cdots(*)$
である．

いま，
①かつ② $\iff y=k-x$ かつ $x^3+y^3=3xy$
$\iff y=k-x$ かつ $x^3+(k-x)^3=3x(k-x)$
$\iff y=k-x \cdots ③$ かつ $3(k+1)x^2-3k(k+1)x+k^3=0 \cdots ④$

$k=-1$ のとき，④は成り立たないから，

　　　④を満たす実数 x が存在する
$\iff k \neq -1$ かつ $\{3k(k+1)\}^2-4\cdot 3(k+1)\cdot k^3 \geq 0$
$\iff k \neq -1$ かつ $k^2(k+1)(k-3) \leq 0$
$\iff -1 < k \leq 3$

であり，このとき，③により y を定めることにより，$(*)$ が成り立つから，求める範囲は，$-1 < x+y \leq 3$

別解　[$(*)$ に続けて]

いま，
①かつ② $\iff x+y=k$ かつ $(x+y)^3-3xy(x+y)=3xy$
$\iff x+y=k$ かつ $k^3-3xyk=3xy$
$\iff x+y=k$ かつ $3(k+1)xy=k^3$

であり，$k=-1$ のとき，$3(k+1)xy=k^3$ は成り立たないから，

①かつ② $\iff x+y=k$ かつ $xy=\dfrac{k^3}{3(k+1)}$

$\iff x, y$ は t の方程式 $t^2-kt+\dfrac{k^3}{3(k+1)}=0$ の2解である

となる．

よって，

$$(*) \iff k^2 - 4 \cdot \frac{k^3}{3(k+1)} \geq 0 \iff \frac{k^2(3-k)}{3(k+1)} \geq 0 \iff -1 < k \leq 3$$

であるから，求める範囲は，$-1 < x+y \leq 3$

2. 1.と同様に，$b+c=k$ となる a, b, c, d が存在するかどうか調べる，という逆手流でいきましょう．

解 （1）（i）より，$d = 4-(a+b+c)$ ……………①
①を（ii）に代入して，
$$0 \leq a \leq b \leq c \leq 4-(a+b+c) \cdots\cdots ②$$
$b+c=k$ とおくと，$c=k-b$ ……③ であるから，②より，
$$0 \leq a \leq b \leq k-b \leq 4-(a+k)$$
$$\therefore \quad 0 \leq a \leq b \leq \frac{k}{2} \cdots\cdots ④，\quad かつ，\quad b \geq a+2k-4 \cdots\cdots ⑤$$

④を満たす点 (a, b) の存在範囲は（$k \geq 0$ のとき存在し）右図の網目部分（境界を含む）のようになるから，④，⑤を満たす a, b が存在する条件は，点 $\left(0, \dfrac{k}{2}\right)$ が⑤に含まれることで，

$$\frac{k}{2} \geq 0 + 2k - 4 \quad \therefore \quad (0 \leq) k \leq \frac{8}{3}$$

このとき，④，⑤を満たす a, b に対し，③により c を，①により d を定めると，（i），（ii）が成り立つから，$b+c=k$ の最大値は $\dfrac{8}{3}$

（2）（i）より，$a+d=4-(b+c)$ であるから，（1）より，$a+d$ の最小値は $4 - \dfrac{8}{3} = \dfrac{4}{3}$

⇨**注** 自然流でいくなら，$b+c$ を a, b, c の関数とみて，多変数関数の処理をすることになります．

まず，②より，$0 \leq a \leq b \leq c \leq \dfrac{4-(a+b)}{2}$ だから，a, b を固定して，c を動かすと，$b+c$ は $c = \dfrac{4-(a+b)}{2}$ のとき最大値 $\dfrac{4-a+b}{2}$ をとる．

このとき，$0 \leq a \leq b \leq \dfrac{4-(a+b)}{2}$，つまり，$0 \leq a \leq b \leq \dfrac{4-a}{3}$ だから，a を固定して，b を動かすと，$\dfrac{4-a+b}{2}$ は $b=\dfrac{4-a}{3}$ のとき最大値 $\dfrac{2(4-a)}{3}$ をとる．

さらに，このとき，$0 \leq a \leq \dfrac{4-a}{3}$，つまり，$0 \leq a \leq 1$ だから，$\dfrac{2(4-a)}{3}$ は $a=0$ のとき最大値 $\dfrac{8}{3}$ をとる．

3．正三角形をとらえるときには 60°回転を利用するのが定石です．このことをふまえ，図を書いて考えれば，自然流で簡単に解決するのがわかるでしょう．

解 (イ)，(ロ)より，Q は，P を A のまわりに 60°回転した点である．………①

(1) P=O のとき，①より，右図のようになるから，$Q\left(\dfrac{\sqrt{3}}{2}, \dfrac{1}{2}\right)$

(2) ①より，Q の軌跡は，円 C 上の点を A のまわりに 60°回転した点の集合，つまり，円 C を A のまわりに 60°回転した円 D である．

D の中心 M は，C の中心 L(0, -1) を A のまわりに 60°回転した点であるから，△ALM は右図のようになり，M($\sqrt{3}$, 0) である．

また，D の半径は C の半径に等しく 1 である．

よって，求める軌跡は，円 $(x-\sqrt{3})^2+y^2=1$

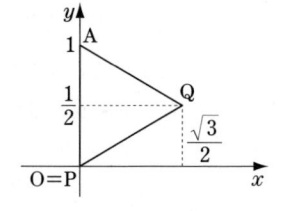

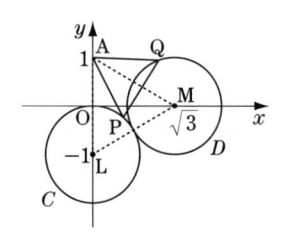

4．Q の座標を P の座標で表すと，Q の座標の満たす式をつくることは困難です．本問のような場合には，関係式を求めたいもの（Q の座標）で，関係式がわかっているもの（P の座標）を表す，という逆手流でいった方が簡単です．なお，P→Q の変換は「反転」と呼ばれ，有名で頻出です．

解　Qが直線OP上の(a),(b)を満たす点であることより,
$$\overrightarrow{OP}=\frac{OP}{OQ}\overrightarrow{OQ}=\frac{4}{OQ^2}\overrightarrow{OQ}$$
であるから,P(x, y),Q(X, Y)とおくと,
$$(x, y)=\frac{4}{X^2+Y^2}(X, Y) \quad \cdots\cdots ①$$

(1) このときP(x, y)は$x=1$を満たして動くから,①より,Q(X, Y)は,
$$\frac{4X}{X^2+Y^2}=1 \quad \therefore \quad X^2+Y^2=4X \text{ かつ } X^2+Y^2 \neq 0$$
$\therefore \quad (X-2)^2+Y^2=4$ かつ $(X, Y) \neq (0, 0)$
を満たして動く.

よって,Qの軌跡は,点$(2, 0)$を中心とする半径2の円のうち原点を除く部分であり,右図(○の点を除く)のようになる.

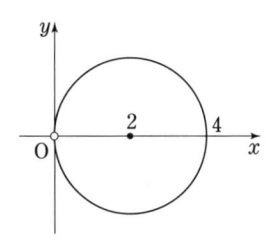

(2) このときP(x, y)は$(x-a)^2+y^2=r^2$,つまり,$x^2+y^2-2ax+a^2-r^2=0$を満たして動くから,$a>r>0$に注意すると,①より,Q(X, Y)は,
$$\left(\frac{4X}{X^2+Y^2}\right)^2+\left(\frac{4Y}{X^2+Y^2}\right)^2-\frac{8aX}{X^2+Y^2}+a^2-r^2=0$$
$$\therefore \quad \frac{16}{X^2+Y^2}-\frac{8aX}{X^2+Y^2}+a^2-r^2=0$$
$$\therefore \quad X^2+Y^2-\frac{8a}{a^2-r^2}X+\frac{16}{a^2-r^2}=0 \cdots\cdots ② \text{ かつ } X^2+Y^2 \neq 0$$
$$\therefore \quad \left(X-\frac{4a}{a^2-r^2}\right)^2+Y^2=\frac{16r^2}{(a^2-r^2)^2} \cdots\cdots ②' \text{ かつ } (X, Y) \neq (0, 0)$$
を満たして動く.

いま,$(X, Y)=(0, 0)$は②($\iff$②')を満たさないから,Qの軌跡は,点$\left(\frac{4a}{a^2-r^2}, 0\right)$を**中心**とする**半径**$\frac{4r}{a^2-r^2}$の円である.

⇨**注**　(1) A$(1, 0)$,B$(4, 0)$とすると,
OP・OQ=OA・OB=4より,OQ:OB=OA:OP
であり,∠BOQ=∠POAとあわせて,
　　　△BOQ∽△POA
$\therefore \quad$∠OQB=∠OAP=90°

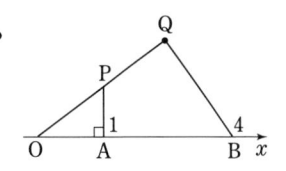

となりますから，Q は OB を直径とする円周上（ただし，$OQ \neq 0$ より，原点を除く）にあります．

（2）円 $C:(x-a)^2+y^2=r^2$ と直線 OP の P 以外の交点を P′（ただし，C と OP が接するときは P′＝P）とし，C と x 軸の交点（$a \pm r$, 0）を R，R′ とすると，方べきの定理より，
$$OP \cdot OP' = OR \cdot OR' = a^2 - r^2$$
となり，$OP \cdot OQ = 4$ とあわせて，
$$\frac{OQ}{OP'} = \frac{4}{a^2-r^2} \quad \therefore \quad \overrightarrow{OQ} = \frac{4}{a^2-r^2} \overrightarrow{OP'}$$
となりますから，Q の軌跡は P′ の描く円 C を O を中心として $\dfrac{4}{a^2-r^2}$ 倍に相似拡大してできる円です．

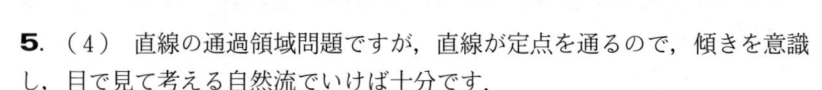

5．（4）直線の通過領域問題ですが，直線が定点を通るので，傾きを意識し，目で見て考える自然流でいけば十分です．

解　（1）$y=x^2$ のとき $y'=2x$ であるから，l は，
$$y = 2p(x-p) + p^2 \quad \therefore \quad y = 2px - p^2$$
同様に，$m : y = 2qx - q^2$ であるから，これらを連立し，$p \neq q$ に注意して求めると，$R\left(\dfrac{p+q}{2}, pq\right)$

（2）直線 PQ の方程式は，
$$y = \frac{p^2-q^2}{p-q}(x-q) + q^2 \iff y = (p+q)x - pq$$
であるから，求める条件は，$\boldsymbol{b = (p+q)a - pq}$

（3）（2）のとき，$R\left(\dfrac{p+q}{2}, (p+q)a - b\right)$ であるから，R は直線 $\boldsymbol{n : y = 2ax - b}$ 上を動く．

（4）このとき，$b=4a$ であるから，$n : y = 2a(x-2)$ となり，n は点（2, 0）を通る傾き $2a$ の直線である．
また，$b > a^2$ より，a のとり得る値の範囲は，
$$4a > a^2 \iff 0 < a < 4$$
よって，n の通りうる範囲は右図の網目部分（境界を除く）と（2, 0）となる．

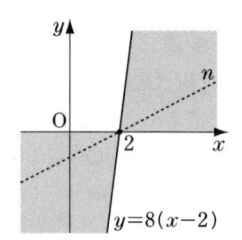

6.（2） $C : x^2+y^2-2ax-4y=0$ となりますから，C が点 (x, y) を通り得ることを，$x^2+y^2-2ax-4y=0$ を満たす実数 a が存在する，と言い換えて，逆手流で考えましょう．

解（1）C は，点 $(a, 2)$ を中心とし，原点 O を通るから，C の半径は $\sqrt{a^2+4}$ であり，C の方程式は，
$$(x-a)^2+(y-2)^2=a^2+4 \quad \therefore \quad x^2+y^2-2ax-4y=0 \quad \cdots\cdots① $$
よって，C と $y=x^2$ の共有点の x 座標は，方程式
$$x^2+(x^2)^2-2ax-4x^2=0, \quad つまり，\quad x(x^3-3x-2a)=0$$
の実数解であるから，C が放物線 $y=x^2$ と異なる 4 点で交わる条件は，方程式
$$x^3-3x-2a=0, \quad つまり，\quad \frac{1}{2}(x^3-3x)=a$$
が，$x=0$ 以外の相異なる 3 つの実数解を持つことであり，$f(x)=\frac{1}{2}(x^3-3x)$ とおくと，その条件は，曲線 $y=f(x)$ と直線 $y=a$ が $x\neq 0$ に異なる 3 つの共有点をもつことである．

ここで，
$$f'(x)=\frac{1}{2}(3x^2-3)=\frac{3}{2}(x+1)(x-1)$$
より，$f(x)$ の増減は右表のようになる．

x	$\cdots$	-1	$\cdots$	1	$\cdots$
$f'(x)$	$+$	0	$-$	0	$+$
$f(x)$	↗	1	↘	-1	↗

したがって，曲線 $y=f(x)$ の概形は右図のようになるから，a の満たすべき条件は，
$$-1<a<0 \text{ または } 0<a<1 \quad \cdots\cdots②$$

（2）C の動く範囲を D とすると，点 (x, y) が D に含まれる条件は，①を満たす実数 a が②の範囲に存在することである．

いま，$g(a)=x^2+y^2-2ax-4y$ とおくと，その条件は，
$$(x=0 \text{ かつ } x^2+y^2-4y=0) \text{ または}$$
$$(g(-1)g(1)<0 \text{ かつ } g(0)\neq 0)$$
$\therefore \quad (x, y)=(0, 0) \text{ または } (x, y)=(0, 4) \text{ または}$
$$((x^2+y^2+2x-4y)(x^2+y^2-2x-4y)<0 \text{ かつ } x^2+y^2-4y\neq 0)$$

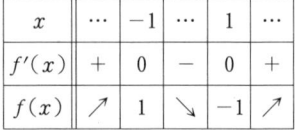

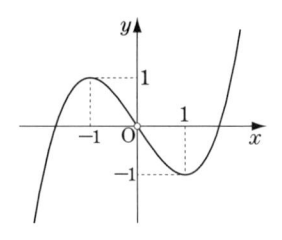

となるから，D は右図の網目部分（●の点を含み，破線部分は含まない）となる．

⇨ 注1. 「$g(-1)g(1)<0$ かつ $g(0) \neq 0$」の部分は「$g(-1)g(0)<0$ または $g(0)g(1)<0$」としてもかまいません．

⇨ 注2. 円 C が定点を通ることを利用して，次のように（図形的）自然流で考えることもできます．

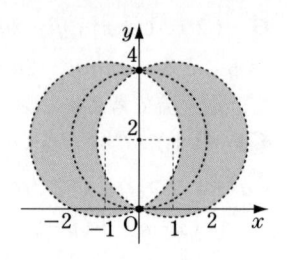

①より，C は，a によらず，$x=0$ かつ $x^2+y^2-4y=0$ を満たす定点，つまり，2 定点 $(0, 0)$，$(0, 4)$ を通る．

このことと，a を②の範囲で動かすとき，C の中心 $(a, 2)$ が線分 $y=2$，$-1<x<0$，および，線分 $y=2$，$0<x<1$ を描くことを合わせて考え，$a=\pm 1, 0$ のときの C に注意すると，D は図のようになる．

7. 見かけは違うかもしれませんが，講義篇の例題 4 と同じタイプです．
$P(p, 0)$，$Q(0, q)$ とすると，$PQ : y = -2q^2 x + q$ $\left(\dfrac{1}{2} \leq q \leq 1\right)$ となるので，自然流でいくなら，x を固定したときの y の値域を調べ，逆手流でいくなら，この式を満たす q の存在条件を調べることになります．

解 1.（自然流（一文字固定法））

辺 OA 上の点 P，辺 OB 上の点 Q を，$P(p, 0)$，$Q(0, q)$ とおくと，
$$0 \leq p \leq 1, \quad 0 \leq q \leq 1 \quad \cdots\cdots ①$$
であり，線分 PQ が △OAB の面積を 2 等分する条件は，
$$\dfrac{1}{2}pq = \dfrac{1}{2} \cdot \dfrac{1}{2} \cdot 1 \cdot 1 \quad \therefore \quad pq = \dfrac{1}{2} \quad \cdots\cdots ②$$
①，②より，
$$p = \dfrac{1}{2q}, \quad \dfrac{1}{2} \leq q \leq 1$$
であり，このとき，直線 PQ の方程式は，
$$\dfrac{x}{p} + \dfrac{y}{q} = 1 \quad \therefore \quad 2qx + \dfrac{y}{q} = 1 \quad \therefore \quad y = -2q^2 x + q \quad \cdots ③$$
ここで，③の右辺，つまり，直線 PQ 上の x 座標が x の点の y 座標を $f(q)$ とおくと，$f(q) = -2q^2 x + q$ であり，$x>0$ のとき，

$$f(q) = -2x\left(q - \frac{1}{4x}\right)^2 + \frac{1}{8x}$$

であるから，q を $\frac{1}{2} \leq q \leq 1$ で動かすときに，$y = f(q)$ のとり得る値の範囲は，

$x = 0$ のとき，

$$\frac{1}{2} \leq f(q) \leq 1 \quad \therefore \quad \frac{1}{2} \leq y \leq 1$$

$\frac{1}{4x} \geq 1$，つまり，$0 < x \leq \frac{1}{4}$ のとき，

$$f\left(\frac{1}{2}\right) \leq f(q) \leq f(1) \quad \therefore \quad -\frac{1}{2}x + \frac{1}{2} \leq y \leq -2x + 1$$

$\frac{1}{2} \leq \frac{1}{4x} \leq 1$，つまり，$\frac{1}{4} \leq x \leq \frac{1}{2}$ のとき，

$$\min\left\{f\left(\frac{1}{2}\right),\ f(1)\right\} \leq f(q) \leq f\left(\frac{1}{4x}\right)$$

$$\therefore \quad \min\left\{-\frac{1}{2}x + \frac{1}{2},\ -2x + 1\right\} \leq y \leq \frac{1}{8x}$$

$0 < \frac{1}{4x} \leq \frac{1}{2}$，つまり，$\frac{1}{2} \leq x$ のとき，

$$f(1) \leq f(q) \leq f\left(\frac{1}{2}\right)$$

$$\therefore \quad -2x + 1 \leq y \leq -\frac{1}{2}x + \frac{1}{2}$$

よって，②のもとでは，直線 PQ が線分 PQ の $x \geq 0$ かつ $y \geq 0$ の部分であることに注意すると，求める領域は，右図の網目部分（境界を含む）となる．

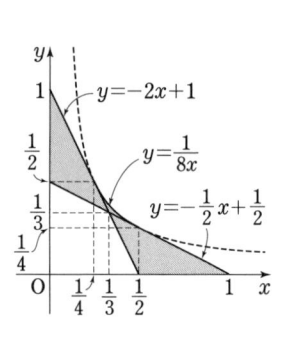

解 2.（逆手流）［③に続けて］

点 (x, y) が求める領域に含まれる条件は，q の方程式③，つまり，

$$2xq^2 - q + y = 0 \quad \cdots\cdots\cdots ④$$

が $\frac{1}{2} \leq q \leq 1$ の範囲に少なくとも 1 つの実数解をもつことである．

いま，$g(q) = 2xq^2 - q + y$ とおくと，$x \neq 0$ のとき，

$$g(q) = 2x\left(q - \frac{1}{4x}\right)^2 + y - \frac{1}{8x}$$

であるから，その条件は，

$x=0$ のとき，④の解が $q=y$ であることより，$\frac{1}{2} \leq y \leq 1$

$\frac{1}{4x} \geq 1$，つまり，$0 < x \leq \frac{1}{4}$ のとき，

$g\left(\frac{1}{2}\right) \geq 0$ かつ $g(1) \leq 0$ $\therefore$ $\frac{x}{2} - \frac{1}{2} + y \geq 0$ かつ $2x - 1 + y \leq 0$

$\therefore$ $-\frac{1}{2}x + \frac{1}{2} \leq y \leq -2x + 1$

$\frac{1}{2} \leq \frac{1}{4x} \leq 1$，つまり，$\frac{1}{4} \leq x \leq \frac{1}{2}$ のとき，

$g\left(\frac{1}{4x}\right) \leq 0$ かつ $\left(g\left(\frac{1}{2}\right) \geq 0 \text{ または } g(1) \geq 0\right)$

$\therefore$ $y - \frac{1}{8x} \leq 0$ かつ $\left(\frac{x}{2} - \frac{1}{2} + y \geq 0 \text{ または } 2x - 1 + y \geq 0\right)$

$\therefore$ $y \leq \frac{1}{8x}$ かつ $\left(y \geq -\frac{x}{2} + \frac{1}{2} \text{ または } y \geq -2x + 1\right)$

$0 < \frac{1}{4x} \leq \frac{1}{2}$，つまり，$\frac{1}{2} \leq x$ のとき，

$g\left(\frac{1}{2}\right) \leq 0$ かつ $g(1) \geq 0$ $\therefore$ $\frac{x}{2} - \frac{1}{2} + y \leq 0$ かつ $2x - 1 + y \geq 0$

$\therefore$ $-2x + 1 \leq y \leq -\frac{1}{2}x + \frac{1}{2}$

［以下略］

⇨注 $\frac{1}{8x} - (-2q^2x + q) = \frac{16q^2x^2 - 8qx + 1}{8x} = \frac{(4qx-1)^2}{8x}$

より，直線 PQ は，$x = \frac{1}{4q}$ において，曲線 $y = \frac{1}{8x}$ に接します．

8. これも 7. と同様，自然流でも，逆手流でもいけます．

解 1．（自然流（一文字固定法））

$y = x^3 - 3a^2x + a^2$ ……① について，

$$y' = 3x^2 - 3a^2 = 3(x+a)(x-a)$$

よって，$0 < a < 1$ ……② のとき，y の増減は右表のようになる．

x	$\cdots$	$-a$	$\cdots$	a	$\cdots$
y'	$+$	0	$-$	0	$+$
y	↗		↘		↗

したがって，②において，①の $-a < x < a$ ……③ の部分が通る領域を求めればよい．……………………④

$|x| \geq 1$ のとき，②かつ③を満たす a は存在しない．

$-1 < x < 1$ のとき，x を固定し，①の右辺を $b = a^2$ の関数と見て，$f(b) = (1-3x)b + x^3$ とおくと，a を②かつ③の範囲で動かすとき，$b = a^2$ のとり得る値の範囲が $x^2 < b < 1$ であることから，$y = f(b)$ の値域は，

$-1 < x < \dfrac{1}{3}$ のとき，$f(x^2) < y < f(1)$　∴　$-2x^3 + x^2 < y < x^3 - 3x + 1$

$x = \dfrac{1}{3}$ のとき，$y = \dfrac{1}{27}$

$\dfrac{1}{3} < x < 1$ のとき，$f(1) < y < f(x^2)$　∴　$x^3 - 3x + 1 < y < -2x^3 + x^2$

以上と，$y = x^3 - 3x + 1$ が①の $a = 1$ の場合の曲線であること，
$(-2x^3 + x^2)' = -6x^2 + 2x = -2x(3x-1)$
などにより，求める領域は右図の網目部分（境界を除く）と●の点となる．

解 2. （逆手流）［②に続けて］

点 (x, y) が求める範囲に含まれる条件は，a の2次方程式①，つまり，

$$(3x-1)a^2 = x^3 - y \quad \cdots\cdots ④$$

が②かつ③の範囲に少なくとも1つの実数解をもつことである．

②のもとで，
$$③ \iff x^2 < a^2$$

であることに注意すると，その条件は，

$(3x-1 = 0,\ x^3 - y = 0)$ または

$\left(3x - 1 \neq 0 \text{ かつ } 0 < \dfrac{x^3-y}{3x-1} < 1 \text{ かつ } \dfrac{x^3-y}{3x-1} > x^2\right)$

［以下略］

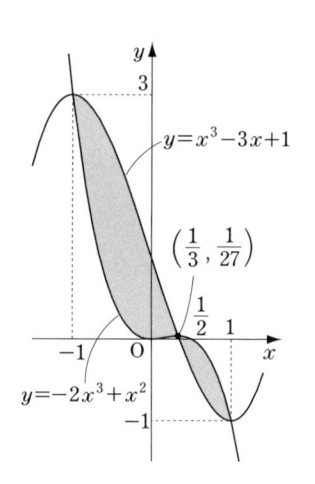

9. これは自然流で考えたい問題です.

解 まず,
$$\vec{ON} = 2\vec{OM} = \vec{OP} + \vec{OQ} \quad \cdots\cdots ①$$
となる点 N の存在範囲を求める.

いま,点 Q は右図の 4 分円弧 AB (D とおく) 上を動くから,P を $P(t, 0)$ $(0 \leq t \leq 1)$ として固定して Q を動かすとき,①より,N は,D を $\vec{OP}$ だけ平行移動した円弧 D_t 上を動く.

点 N の存在範囲は,t を $0 \leq t \leq 1$ で動かすときに D_t が通過する部分であるから,右図の網目部分(境界を含む)となる.

$\vec{OM} = \dfrac{1}{2}\vec{ON}$ より,点 M の存在範囲は,点 N の存在範囲を O を中心として $\dfrac{1}{2}$ 倍に相似拡大して得られる領域であるから,右図の網目部分(境界を含む)となる.

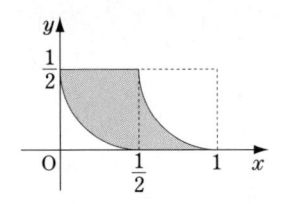

10. 自然流なら,α を固定して,β を $0 \leq \beta \leq 1$ で動かすと,R は線分 PQ を描くから,α を $0 \leq \alpha \leq 1$ で動かすときに線分 PQ が通過する領域を求める,と考えるところ(やってみると結構大変)ですが,逆手流だと…….

解
$$\vec{OR} = (1-\beta)\vec{OP} + \beta\vec{OQ}$$
$$= (1-\beta)(1-\alpha)\vec{OA} + \beta\alpha\vec{OB}$$
$$= (\alpha + \beta - 1, \ -4\alpha\beta + 2\alpha + 2\beta - 2)$$
であるから,$R(x, y)$ とおくと,
$$x = \alpha + \beta - 1, \quad y = -4\alpha\beta + 2\alpha + 2\beta - 2$$
$$\therefore \quad \alpha + \beta = x + 1, \quad \alpha\beta = \dfrac{2x - y}{4}$$

よって,α, β は,t の 2 次方程式
$$4t^2 - 4(x+1)t + 2x - y = 0 \quad \cdots\cdots ①$$
の 2 解である.

ここで,①の左辺を $f(t)$ とおくと,
$$f(t) = \{2t - (x+1)\}^2 - x^2 - 1 - y$$

であるから，$0 \leqq \alpha \leqq 1$, $0 \leqq \beta \leqq 1$ となる x, y の条件は，

$$0 \leqq \frac{x+1}{2} \leqq 1, \ f\left(\frac{x+1}{2}\right) \leqq 0,$$
$$f(0) \geqq 0, \ f(1) \geqq 0$$

∴ $-1 \leqq x \leqq 1$, $y \geqq -x^2-1$,
  $y \leqq 2x$, $y \leqq -2x$

したがって，点 R の存在する範囲は右図の網目部分（境界を含む）．

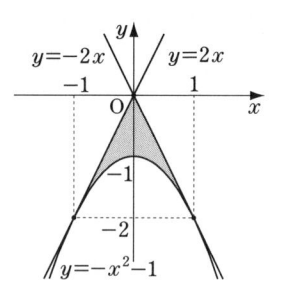

◎講義篇・参照例題
1. ☞例題1 2. ☞例題1 3. ☞例題2 4. ☞例題3
5. ☞例題5 6. ☞例題4 7. ☞例題4 8. ☞例題4
9. ☞例題2 10. ☞例題3

第5章 自然流，逆手流

解答篇／第6章

評価する

1…C***　2…C***　3…C**　4…B***
5…C***　6…C***　7…B***　8…C***
9…C****

1. 大小関係を利用して評価し，必要条件から候補を絞る，という解法は，整数問題では常套手段です．

解 （1） $a<b$ ……① かつ $\dfrac{1}{a}+\dfrac{1}{b}<\dfrac{1}{4}$ ……② より，

$$\dfrac{1}{4}>\dfrac{1}{a}+\dfrac{1}{b}>\dfrac{2}{b} \quad \therefore\ b>8 \quad \therefore\ b\geqq 9$$

$b=9$ のとき，①，②より，

$$a<9,\ \dfrac{1}{a}<\dfrac{5}{36} \quad \therefore\ \dfrac{36}{5}<a<9 \quad \therefore\ a=8$$

よって，求める組は，$(a,\ b)=(8,\ 9)$

（2） $a<b<c$ ……③ かつ $\dfrac{1}{a}+\dfrac{1}{b}+\dfrac{1}{c}<\dfrac{1}{3}$ ……④ より，

$$\dfrac{1}{3}>\dfrac{1}{a}+\dfrac{1}{b}+\dfrac{1}{c}>\dfrac{3}{c} \quad \therefore\ c>9 \quad \therefore\ c\geqq 10$$

$c=10$ のとき，③より，$a\leqq 8,\ b\leqq 9$ であるから，

$$\dfrac{1}{a}+\dfrac{1}{b}+\dfrac{1}{c}\geqq \dfrac{1}{8}+\dfrac{1}{9}+\dfrac{1}{10}=\dfrac{121}{360}>\dfrac{1}{3}$$

となり，④に反する．

$c=11$ のとき，③，④より，

$$a<b<11\ \text{……③}',\quad \dfrac{1}{a}+\dfrac{1}{b}<\dfrac{8}{33}\ \text{……④}'$$

であるから，（1）と同様に，

$$\dfrac{8}{33}>\dfrac{1}{a}+\dfrac{1}{b}>\dfrac{2}{b}$$

$$\therefore\ \dfrac{33}{4}<b<11\ (\because\ ③') \quad \therefore\ b=9,\ 10$$

$b=9$ ならば，③$'$，④$'$ より，

$$a<9,\ \dfrac{1}{a}<\dfrac{13}{99} \quad \therefore\ \dfrac{99}{13}<a<9 \quad \therefore\ a=8$$

$b=10$ ならば，③′，④′より，
$$a<10, \quad \frac{1}{a}<\frac{47}{330} \quad \therefore \quad \frac{330}{47}<a<10 \quad \therefore \quad a=8,\ 9$$
よって，求める組は，$(a,\ b,\ c)=(8,\ 9,\ 11),\ (8,\ 10,\ 11),\ (9,\ 10,\ 11)$

2. これも大小関係を利用する問題．どれを評価すれば候補をより絞れるかを考えると，手順が決まります．なお，整数問題では，$k<l \iff k+1\leqq l$ という書き換えで，評価をきつくできることも知っておきましょう．

解 $1<c<a$ より，
$$0<1<2c-1<2a-1<2a \quad \therefore \quad 0<\frac{2c-1}{a}<2$$
であり，$\frac{2c-1}{a}$ は整数であるから，
$$\frac{2c-1}{a}=1 \quad \therefore \quad a=2c-1 \quad \cdots\cdots\cdots\cdots\text{①}$$
よって，$c<b$ に注意すると，
$$2a-1=4c-3<4b-3<4b$$
また，$a>b$ より，$a\geqq b+1$ であることに注意すると，
$$2a-1\geqq 2(b+1)-1=2b+1>2b$$
これらより，
$$2b<2a-1<4b \quad \therefore \quad 2<\frac{2a-1}{b}<4$$
であり，$\frac{2a-1}{b}=\frac{4c-3}{b}$ は整数であるから，
$$\frac{4c-3}{b}=3 \quad \therefore \quad b=\frac{4c-3}{3} \quad \cdots\cdots\cdots\cdots\text{②}$$
すると，$1<c<b$ より，
$$4c<4c+1<4b+1=\frac{16c-9}{3}<\frac{16c}{3} \quad \therefore \quad 4<\frac{4b+1}{c}<\frac{16}{3}$$
であり，$\frac{4b+1}{c}=\frac{16c-9}{3c}$ が整数であるから，
$$\frac{16c-9}{3c}=5 \quad \therefore \quad c=9$$
①，②より，$a=17$，$b=11$

3. $m^3+3m^2+2m+6=(m+3)(m^2+2)$ だから，この因数が……などと考え始めると大変．思い切って評価してしまえば，候補は1つに決まります．

解 $n=m^3+3m^2+2m+6$ とおくと，$m>0$ より，
$$m^3<m^3+3m^2+2m+6<m^3+6m^2+12m+8$$
$$\therefore\quad m^3<n<(m+2)^3$$

であるから，正の整数 m に対して，n が立方数となるのは，
$$n=(m+1)^3$$
のときである．

よって，
$$m^3+3m^2+2m+6=(m+1)^3 \quad\therefore\quad \boldsymbol{m=5}$$

4.（1） $q^2 f\left(\dfrac{p}{q}\right)$ を具体化すれば，何を示すべきかがわかります．

（2）（1）を利用するだけではなく，もう1回評価しなければなりません．

解（1）
$$q^2 f\left(\frac{p}{q}\right)=q^2\left\{\left(\frac{p}{q}\right)^2-2\right\}=p^2-2q^2$$

は整数であるから，$\left|q^2 f\left(\dfrac{p}{q}\right)\right|<1$ と仮定すると，
$$\left|q^2 f\left(\frac{p}{q}\right)\right|=0 \quad\therefore\quad p^2-2q^2=0 \quad\therefore\quad \frac{p}{q}=\pm\sqrt{2} \quad\cdots\cdots\text{①}$$

となるが，①の左辺は有理数であるから，$\sqrt{2}$ が無理数であることに反する．

よって，$\left|q^2 f\left(\dfrac{p}{q}\right)\right|\geqq 1$ が成り立つ．

（2）（1）より，
$$\left|q^2\left\{\left(\frac{p}{q}\right)^2-2\right\}\right|\geqq 1$$
$$\therefore\quad q^2\left|\frac{p}{q}-\sqrt{2}\right|\left|\frac{p}{q}+\sqrt{2}\right|\geqq 1$$
$$\therefore\quad \left|\frac{p}{q}-\sqrt{2}\right|\geqq \frac{1}{\left|\dfrac{p}{q}+\sqrt{2}\right|q^2} \quad\cdots\cdots\text{②}$$

ここで，$\left|\dfrac{p}{q}-\sqrt{2}\right|<1$ に注意すると，
$$\left|\frac{p}{q}+\sqrt{2}\right|=\left|2\sqrt{2}+\left(\frac{p}{q}-\sqrt{2}\right)\right|\leqq|2\sqrt{2}|+\left|\frac{p}{q}-\sqrt{2}\right|<2\sqrt{2}+1$$

であるから，②より，
$$\left|\frac{p}{q}-\sqrt{2}\right|>\frac{1}{(2\sqrt{2}+1)q^2}$$

5. a_n が α に収束すると仮定すれば，$a_n=1+\dfrac{1}{n^2}a_{n-1}{}^2$ ……① より，$\alpha=1+0\cdot\alpha$，つまり，$\alpha=1$ となるので，$\displaystyle\lim_{n\to\infty}a_n=1$ が目標とわかります．こうなれば，①の右辺第 2 項が 0 に収束することを示せるような a_{n-1} の評価を作ることで解決できます．

解
$$a_n=1+\frac{1}{n^2}a_{n-1}{}^2 \quad\cdots\cdots\cdots\cdots\cdots\text{①}$$

まず，
$$1\leqq a_n\leqq 2 \quad\cdots\cdots\cdots\cdots(*)$$
を数学的帰納法により証明する．

$n=1$ のとき，$a_1=1$ より，$(*)$ は成り立つ．

$n=k$ のとき，$(*)$ が成り立つと仮定すると，①より，
$$a_{k+1}=1+\frac{1}{(k+1)^2}a_k{}^2$$
であり，数学的帰納法の仮定と $k\geqq 1$ より，
$$0\leqq\frac{1}{(k+1)^2}a_k{}^2\leqq 1$$
であるから，
$$1\leqq a_{k+1}\leqq 2$$
となり，$n=k+1$ のときも $(*)$ は成り立つ．

よって，すべての自然数 n について $(*)$ が成り立つから，$n\geqq 2$ のとき，
$$a_{n-1}{}^2\leqq 4$$
であり，①および $(*)$ とから，
$$1\leqq a_n=1+\frac{1}{n^2}a_{n-1}{}^2\leqq 1+\frac{4}{n^2}$$
が成り立つ．

ここで，$\displaystyle\lim_{n\to\infty}\left(1+\frac{4}{n^2}\right)=1$ であるから，はさみうちの原理より，
$$\lim_{n\to\infty}a_n=1$$

6. （1）できちんと「正数 x の整数部分が N 桁 $\iff 10^{N-1} \leqq x < 10^N$」を用いて考察しておくことが，（3）での評価につながります．

解 （1） 9^{k-1} の桁数が N であるとすると，
$$10^{N-1} \leqq 9^{k-1} < 10^N \quad \therefore \quad 9 \cdot 10^{N-1} \leqq 9^k < 9 \cdot 10^N$$
すると，$10^{N-1} < 9 \cdot 10^{N-1}$, $9 \cdot 10^N < 10^{N+1}$ より，
$$10^{N-1} < 9^k < 10^{N+1}$$
であるから，9^k の桁数は N または $N+1$ となる．

よって，9^k の桁数は，9^{k-1} の桁数と等しいか，または 1 だけ大きい．

（2） このとき，（1）より，9^k の桁数が 9^{k-1} の桁数より 1 だけ大きいような自然数 k は $2 \leqq k \leqq n$ に $n-1-a_n$ 個あるから，$9^1 = 9$ が 1 桁であることより，9^n の桁数は，
$$1 + (n-1-a_n) = \boldsymbol{n - a_n}$$

（3）（2）より，
$$10^{n-a_n-1} \leqq 9^n < 10^{n-a_n}$$
$$\therefore \quad n - a_n - 1 \leqq n\log_{10} 9 < n - a_n$$
$$\therefore \quad 1 - \frac{a_n}{n} - \frac{1}{n} \leqq \log_{10} 9 < 1 - \frac{a_n}{n}$$
$$\therefore \quad 1 - \log_{10} 9 - \frac{1}{n} \leqq \frac{a_n}{n} < 1 - \log_{10} 9$$
が成り立ち，
$$\lim_{n \to \infty} \left(1 - \log_{10} 9 - \frac{1}{n}\right) = 1 - \log_{10} 9$$
であるから，はさみうちの原理により，
$$\lim_{n \to \infty} \frac{a_n}{n} = 1 - \log_{10} 9 = \boldsymbol{1 - 2\log_{10} 3}$$

7.（1） 定積分を評価するときには，被積分関数を評価するのが定石です．難しそうな評価だって？ いえいえ，単純な評価です．

解 （1） $(0<) n\pi \leqq x \leqq (n+1)\pi$ のとき，
$$\frac{|\sin x|}{(n+1)\pi} \leqq \frac{|\sin x|}{x} \leqq \frac{|\sin x|}{n\pi}$$
が成り立つから，
$$\frac{1}{(n+1)\pi} \int_{n\pi}^{(n+1)\pi} |\sin x|\, dx \leqq \int_{n\pi}^{(n+1)\pi} \frac{|\sin x|}{x}\, dx \leqq \frac{1}{n\pi} \int_{n\pi}^{(n+1)\pi} |\sin x|\, dx$$

$|\sin x|$ が周期 π の周期関数であることにより，
$$\int_{n\pi}^{(n+1)\pi}|\sin x|\,dx=\int_0^\pi|\sin x|\,dx=\int_0^\pi \sin x\,dx=\Bigl[-\cos x\Bigr]_0^\pi=2$$
であるから，
$$\frac{2}{(n+1)\pi}\leq\int_{n\pi}^{(n+1)\pi}\frac{|\sin x|}{x}dx\leq\frac{2}{n\pi}$$

（2） k を正の整数とすると，
$$2k\pi\leq x\leq(2k+1)\pi \text{ のとき，}\sin x\geq 0,$$
$$(2k+1)\pi\leq x\leq(2k+2)\pi \text{ のとき，}\sin x\leq 0$$
であるから，（1）より，
$$\int_{2k\pi}^{(2k+1)\pi}\frac{\sin x}{x}dx\leq\frac{2}{2k\pi},\quad \frac{2}{(2k+2)\pi}\leq-\int_{(2k+1)\pi}^{(2k+2)\pi}\frac{\sin x}{x}dx$$
よって，
$$\int_{2k\pi}^{(2k+2)\pi}\frac{\sin x}{x}dx=\int_{2k\pi}^{(2k+1)\pi}\frac{\sin x}{x}dx+\int_{(2k+1)\pi}^{(2k+2)\pi}\frac{\sin x}{x}dx$$
$$\leq\frac{2}{2k\pi}-\frac{2}{(2k+2)\pi}=\frac{1}{\pi}\left(\frac{1}{k}-\frac{1}{k+1}\right)$$
であるから，この不等式を，$k=1,\ 2,\ \cdots\cdots,\ n-1$ として辺ごとに加え，
$$\int_{2\pi}^{2n\pi}\frac{\sin x}{x}dx\leq\frac{1}{\pi}\left(\frac{1}{1}-\frac{1}{n}\right)\leq\frac{1}{\pi}$$

8. （1） すべての場合を計算するのは面倒なので，最小になりそうにない場合は被積分関数の評価ですませてしまいましょう．

（3） 定積分の絶対値の評価には，$\left|\int_a^b f(x)dx\right|\leq\int_a^b |f(x)|dx$ $(a<b)$
が有効です．

解 （1） $t<0$ のとき，$0\leq x\leq 1$ において，
$$x-t>x\geq 0 \quad\therefore\quad |x-t|^n>|x|^n$$
が成り立つから，
$$\int_0^1|x-t|^n dx>\int_0^1 |x|^n dx \quad\therefore\quad g(t)>g(0)\quad (t<0)$$
$t>1$ のとき，$0\leq x\leq 1$ において，
$$t-x>1-x\geq 0 \quad\therefore\quad |x-t|^n>|x-1|^n$$
が成り立つから，

第 6 章 評価する 185

$$\int_0^1 |x-t|^n dx > \int_0^1 |x-1|^n dx \quad \therefore \quad g(t) > g(1) \quad (t>1)$$

よって，$g(t)$ の最小値を求めるには，$0 \leq t \leq 1$ として考えればよく，このとき，

$$g(t) = \int_0^t (t-x)^n dx + \int_t^1 (x-t)^n dx$$

$$= \left[-\frac{1}{n+1}(t-x)^{n+1}\right]_0^t + \left[\frac{1}{n+1}(x-t)^{n+1}\right]_t^1$$

$$= \frac{1}{n+1}\{t^{n+1} + (1-t)^{n+1}\}$$

$$\therefore \quad g'(t) = t^n - (1-t)^n$$

いま，$t \geq 0$，$1-t \geq 0$ により，$g'(t)$ の符号は $t-(1-t) = 2t-1$ の符号と一致するから，$g(t)$ の増減は右表のようになる．

t	0	$\cdots$	$\dfrac{1}{2}$	$\cdots$	1
$g'(t)$		$-$	0	$+$	
$g(t)$		↘		↗	

したがって，$g(t)$ を最小にする t は $t = \dfrac{1}{2}$ であり，最小値は，$g\left(\dfrac{1}{2}\right) = \dfrac{1}{2^n(n+1)}$

(2) $\int_0^1 x^k f(x) dx = 0 \quad (k=0, 1, \cdots, n-1)$ に注意すると，

$$\int_0^1 (x-t)^n f(x) dx = \int_0^1 \left\{\sum_{k=0}^n {}_n C_k (-t)^{n-k} x^k\right\} f(x) dx$$

$$= \sum_{k=0}^n {}_n C_k (-t)^{n-k} \int_0^1 x^k f(x) dx$$

$$= {}_n C_n (-t)^0 \int_0^1 x^n f(x) dx = \int_0^1 x^n f(x) dx$$

(3) (2)より，

$$\left|\int_0^1 x^n f(x) dx\right| = \left|\int_0^1 (x-t)^n f(x) dx\right|$$

$$\leq \int_0^1 |(x-t)^n f(x)| dx$$

$$= \int_0^1 |x-t|^n |f(x)| dx$$

$$\leq \int_0^1 |x-t|^n \cdot M dx = M \int_0^1 |x-t|^n dx = Mg(t)$$

これがすべての実数 t について成り立つから，とくに，$t=\dfrac{1}{2}$ として，
$$\left|\int_0^1 x^n f(x)dx\right| \leq Mg\left(\dfrac{1}{2}\right)=\dfrac{M}{2^n(n+1)}$$

9.（4） 数列の和の評価では，その各項を四角形（とくに底辺が 1 の長方形）の面積と見て考える方法が多用されます．本問の場合，(3)を考えて，$\log\dfrac{6}{5}$ が現れるようにしますが，$\log\dfrac{6}{5}$ の評価を(3)と同じにしたのではうまくいきません．

解（1）
$$\dfrac{d}{dx}f_n(x)=1-x+x^2-\cdots+(-1)^{n-1}x^{n-1}$$
$$=1+(-x)+(-x)^2+\cdots+(-x)^{n-1}$$
$$=\dfrac{1-(-x)^n}{1-(-x)}=\dfrac{1-(-1)^n x^n}{1+x} \quad (\because \ x\geq 0)$$

（2） $g_n(x)=f_n(x)-\log(1+x)$ とおくと，(1)の結果より，
$$g_n'(x)=\dfrac{1-(-1)^n x^n}{1+x}-\dfrac{1}{1+x}=-\dfrac{(-1)^n x^n}{1+x}$$

（ⅰ） n が偶数のとき

$x\geq 0$ において，$g_n'(x)=-\dfrac{x^n}{1+x}\leq 0$ であるから，$g_n(x)$ は減少する．

よって，$g_n(0)=0$ とあわせて，$x\geq 0$ において，
$$g_n(x)\leq 0 \quad \therefore \ f_n(x)\leq \log(1+x)$$

（ⅱ） n が奇数のとき

$x\geq 0$ において，$g_n'(x)=\dfrac{x^n}{1+x}\geq 0$ であるから，$g_n(x)$ は増加する．

よって，$g_n(0)=0$ とあわせて，$x\geq 0$ において，
$$g_n(x)\geq 0 \quad \therefore \ f_n(x)\geq \log(1+x)$$

（3）（2）の不等式で，$n=2$，$x=\dfrac{1}{5}$ として，
$$\log\dfrac{6}{5}\geq f_2\left(\dfrac{1}{5}\right)=\dfrac{1}{5}-\dfrac{1}{2}\left(\dfrac{1}{5}\right)^2=\dfrac{9}{50}=0.18 \quad \cdots\cdots\cdots\cdots ①$$

第 6 章 評価する

また，(2)の不等式で，$n=3$, $x=\dfrac{1}{5}$ として，

$$\log\dfrac{6}{5} \leqq f_3\left(\dfrac{1}{5}\right) = f_2\left(\dfrac{1}{5}\right) + \dfrac{1}{3}\left(\dfrac{1}{5}\right)^3 = 0.18 + \dfrac{1}{375} = 0.1826\cdots \quad \cdots ②$$

①，②より，求める値は，**0.18** である．

(4) $S = \dfrac{1}{250} + \dfrac{1}{251} + \cdots + \dfrac{1}{299} + \dfrac{1}{300}$ とおく．

S は，右図の網目の長方形の面積の和に等しく，太線で囲まれた図形の面積より小さいから，

$$S < \dfrac{1}{250} + \int_{250}^{300} \dfrac{1}{x} dx$$

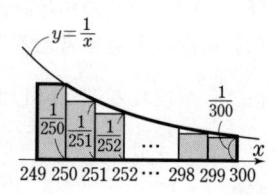

ここで，

$$\int_{250}^{300} \dfrac{1}{x} dx = \Big[\log x\Big]_{250}^{300} = \log\dfrac{300}{250} = \log\dfrac{6}{5} \quad \cdots\cdots ③$$

であるから，②も用いると，

$$S < \dfrac{1}{250} + \log\dfrac{6}{5} \leqq 0.004 + 0.1826\cdots = 0.1866\cdots \quad \cdots\cdots ④$$

また，S は，右図の網目の長方形の面積の和に等しく，太線で囲まれた図形の面積より大きいから，③も用いると，

$$S > \dfrac{1}{300} + \int_{250}^{300} \dfrac{1}{x} dx = \dfrac{1}{300} + \log\dfrac{6}{5}$$

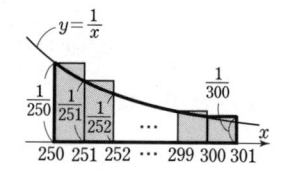

いま，(2)の不等式で，$n=4$, $x=\dfrac{1}{5}$ として，

$$\log\dfrac{6}{5} \geqq f_4\left(\dfrac{1}{5}\right) = f_3\left(\dfrac{1}{5}\right) - \dfrac{1}{4}\left(\dfrac{1}{5}\right)^4 = 0.18 + \dfrac{1}{375} - \dfrac{1}{2500}$$

となるから，

$$S > \dfrac{1}{300} + 0.18 + \dfrac{1}{375} - \dfrac{1}{2500} = 0.18 + \dfrac{3}{500} - \dfrac{1}{2500} = 0.1856 \quad \cdots\cdots ⑤$$

④，⑤より，求める値は，**0.19** である．

◎講義篇・参照例題
1. ☞例題 1　　2. ☞例題 1　　3. ☞例題 1　　4. ☞例題 2
5. ☞例題 4, 5　6. ☞例題 5　　7. ☞例題 4　　8. ☞例題 4
9. ☞例題 3

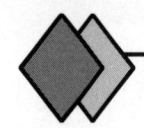

解答篇／第7章

視覚化する

1…B*** 2…B** 3…B** 4…C***
5…B** 6…C*** 7…B** 8…C**
9…B**

1. 最初は視覚化の定番,方程式の実数解の問題.方程式を,定曲線と動直線の共有点の x 座標を調べる形に変形できると,実数解の位置がはっきりわかります.

解 $x^2+(a+2)x-a+1=0 \iff a(x-1)=-(x+1)^2$

であるから,この方程式の実数解は,点 $(1,0)$ を通る傾き a の直線と,放物線 $y=-(x+1)^2$ の共有点の x 座標として与えられる.

よって,右図より,

(1) $\dfrac{1}{3} < a < 1$

(2) $0 \leq a < 1$

(3) $0 < x < 1,\ x < -3$

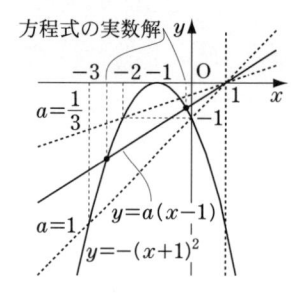

2. q の値域は,$m = \dfrac{y}{x}$ の値域によって決まります.m の図形的な意味を考えると…….

解 2つの不等式 $3y \leq -x,\ y \geq x^2-4x+1$ をともに満たす点 (x,y) の存在範囲 D は右図の網目部分(境界を含む)である.

$m = \dfrac{y}{x}$ とおくと,m は点 (x,y) と原点を結ぶ直線の傾きに等しい.

いま,$y=x^2-4x+1$ ……① について,$y'=2x-4$ であるから,D の境界の点

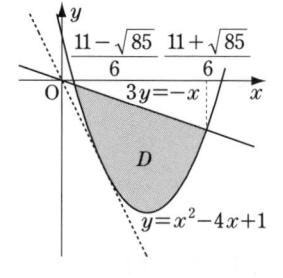

$$(t,\ t^2-4t+1)\ \left(\dfrac{11-\sqrt{85}}{6} \leq t \leq \dfrac{11+\sqrt{85}}{6} \cdots\cdots ②\right)$$

における①の接線は,

190 解答篇

$$y=(2t-4)(x-t)+t^2-4t+1 \quad \cdots\cdots\cdots\cdots\cdots ③$$

③が原点を通るとき,
$$0=(2t-4)(-t)+t^2-4t+1 \quad \therefore\ t^2=1 \quad \therefore\ t=1 \ (\because\ ②)$$
であり,このとき③の傾きは -2 であるから,図より,点 $(x,\ y)$ が D を動くときの m のとりうる値の範囲は,
$$-2 \leqq m \leqq -\frac{1}{3}$$

よって,
$$q=3+4\cdot\frac{y}{x}+4\left(\frac{y}{x}\right)^2=3+4m+4m^2=4\left(m+\frac{1}{2}\right)^2+2$$
を $f(m)$ とおくと,求める範囲は,
$$f\left(-\frac{1}{2}\right)\leqq q \leqq f(-2) \quad \therefore\ \boldsymbol{2 \leqq q \leqq 11}$$

3. $4x^2-4x+y^2$ に図形的意味を持たせるために置き換えをしてみましょう.

解 ☆ $1 \leqq \max\{|x|,\ |y|\} \leqq 2$
$\iff (|x|\geqq 1$ または $|y|\geqq 1)$ かつ $|x|\leqq 2$ かつ $|y|\leqq 2$

であり, $2x=X$ とおくと,
$(|X|\geqq 2$ または $|y|\geqq 1)$ かつ $|X|\leqq 4$ かつ $|y|\leqq 2$

となるから,点 $P(X,\ y)$ の存在範囲は,右図の網目部分(境界を含む)である.

このとき,
$$4x^2-4x+y^2 = X^2-2X+y^2$$
$$= (X-1)^2+y^2-1$$
であり,$A(1,\ 0)$ とすると,これは AP^2-1 に等しいから,$(X,\ y)=(-4,\ \pm 2)$,つまり,$(\boldsymbol{x,\ y})=(\boldsymbol{-2,\ \pm 2})$ のとき**最大値 28** をとり,$(X,\ y)=(2,\ 0),\ (1,\ \pm 1)$,つまり,$(\boldsymbol{x,\ y})=(\boldsymbol{1,\ 0}),\ \left(\dfrac{1}{2},\ \pm 1\right)$ のとき**最小値 0** をとる.

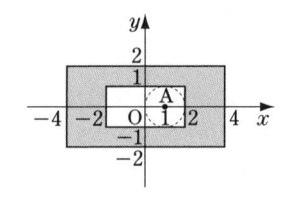

⇨注 理系の人は $4x^2-4x+y^2=k$ とおいて楕円と見る方法もあります.

4. (2) $f(f(x))=x$ を $y=f(x),\ x=f(y)$ と分けると,目で見て考えることが可能になります.

解 (1) $f(x)-x=ax(1-x)-x=x(a-1-ax) \quad \cdots\cdots\cdots ①$

であるから，求める範囲は，

$$\frac{a-1}{a}>0 \quad \therefore \quad a>1 \quad (\because \quad a>0)$$

（2） $y=f(x)$ とおくと，$f(f(x))=x$ より，$f(y)=x$ となるから，$f(f(x))=x$ の正の解の個数は，2曲線

$$y=f(x) \cdots\cdots ② , \quad x=f(y) \cdots\cdots ③$$

の $x>0$ における共有点の個数に等しい．

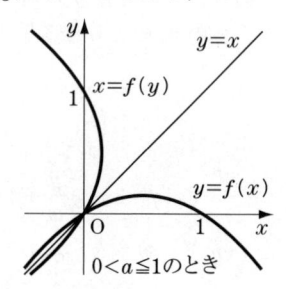

$0<a\leqq1$ のとき，$x>0$ において，①より，$f(x)<x$ であるから，

②，③が直線 $y=x$ に関して対称である
　　　　　　　　　　　　　　　$\cdots\cdots(*)$

ことにより，これらは $x>0$ に共有点を持たない．

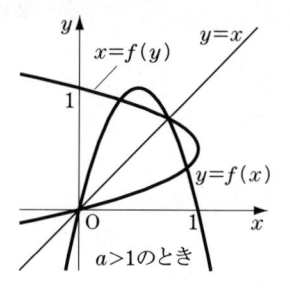

$a>1$ のとき，②，③の $x>0$ における共有点が第1象限にのみ存在することと $(*)$ により，$y\neq x$ を満たすものは偶数個であり，（1）より，$y=x$ を満たすものは $f(x)=x$ となる1点であるから，合計は奇数個となる．

以上により，$f(f(x))=x$ を満たす正の数 x がちょうど2個存在する場合は**ない**．

5. 5.，6. は図形を見通しよく扱おう，という問題です．まずは，第3章の「活かす」のときにも出てきた平行な接線を引いて考える問題です．

[解] $C(s, s(3-s))$，$D(t, t(3-t))$ $(0<t<s<3)$ とする．

まず，C を固定して，放物線 $P: y=x(3-x)$ の弧 AC 上で D を動かすと，

$$\square ABCD=\triangle ABC+\triangle ADC \cdots\cdots\cdots\cdots①$$

において，$\triangle ABC$ は一定であるから，$\square ABCD$ が最大となるのは，$\triangle ADC$ が最大になるときである．

さらに，このとき，AC の長さは一定であるから，$\triangle ADC$ が最大になるのは，AC を底辺と見たときの高さ，つまり，点 D と直線 AC との距離が最大になるときであり，P が上に凸であることを考えると，それは，D における P の接線が AC に平行であるときにおこる．

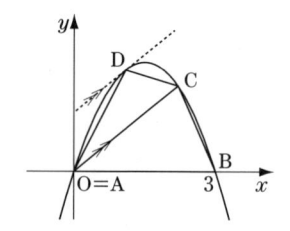

Pについて，$y'=3-2x$ であるから，このとき，
$$3-2t=\frac{s(3-s)}{s} \quad \therefore \quad t=\frac{s}{2}$$
であり，①より，
$$□ABCD=\frac{1}{2}\cdot 3\cdot s(3-s)+\frac{1}{2}|s\cdot t(3-t)-s(3-s)\cdot t|$$
$$=\frac{3}{2}s(3-s)+\frac{1}{2}|st(s-t)|$$
$$=\frac{3}{2}s(3-s)+\frac{1}{8}s^3=\frac{1}{8}(s^3-12s^2+36s)$$

となる．

これを $f(s)$ とおくと，求める最大値 M は，$0<s<3$ における $f(s)$ の最大値であり，
$$f'(s)=\frac{1}{8}(3s^2-24s+36)=\frac{3}{8}(s-2)(s-6)$$

より，$f(s)$ の増減は右表のようになるから，

$$M=f(2)=4$$

s	0	⋯	2	⋯	3
$f'(s)$		+	0	−	
$f(s)$		↗		↘	

6. 反射の問題では，反射後の図形を反射面で折り返し，光線が直進するものとして扱うと見通しがよくなります．

解 半直線 $y=Ax$（$x>0$）を l_0，半直線 $y=-Bx$（$x>0$）を m_0 とする．
$A=\tan\alpha>0$，$B=\tan\beta\geqq 0$ より，$0°<\alpha<90°$ ……①，$0°\leqq\beta<90°$ ……② としてよく，このとき，l_0 と m_0 のなす角を θ とすると，$\theta=\alpha+\beta$ である．

また，N 回目の反射の直後からそれまでの軌跡を全く逆にたどって元の点に戻るのは，N 回目の反射鏡に垂直に入射するときである．………③

(1) $N=2$ のとき，③より，m_0 を l_0 に関して対称移動すると y 軸の正の部分に一致するから，
$$\alpha+\theta=90° \quad \therefore \quad 2\alpha+\beta=90° \cdots\cdots ④$$
よって，①，②より，
$$0°<\alpha<90°, \quad 0°\leqq 90°-2\alpha<90°$$
$$\therefore \quad 0°<\alpha\leqq 45° \cdots\cdots\cdots\cdots\cdots ⑤$$
となるから，$A=\tan\alpha$ の値の範囲は，
$$0<A\leqq 1$$

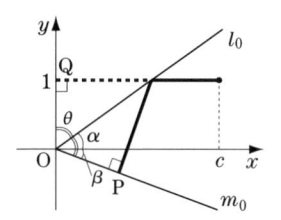

また，Q(0, 1) として，OP=OQ=1 であるから，④より，
$$\overrightarrow{\text{OP}} = (\cos(-\beta), \sin(-\beta)) = (\cos(2\alpha-90°), \sin(2\alpha-90°))$$
いま，⑤より，$-90° < 2\alpha-90° \leqq 0°$ であるから，P の軌跡は
円 $x^2+y^2=1$ の $x>0$，$y \leqq 0$ の部分 となる．

(2) $N=6$ のとき，m_0 を l_0 に関して対称移動した直線を m_1，l_0 を m_1 に関して対称移動した直線を l_1，… とすると，③より，m_3 は y 軸の正の部分に一致するから，
$$\alpha + 5\theta = 90°$$
$$\therefore\ 6\alpha + 5\beta = 90°$$
よって，①，②より，
$$0° < \alpha < 90°,\ 0° \leqq \frac{90°-6\alpha}{5} < 90°$$
$$\therefore\ 0° < \alpha \leqq 15°$$
となるから，$A = \tan\alpha$ の値の範囲は，$0 < A \leqq \tan 15°$
ここで，
$$\tan 15° = \tan(45°-30°) = \frac{\tan 45° - \tan 30°}{1 + \tan 45° \tan 30°} = \frac{\sqrt{3}-1}{\sqrt{3}+1} = 2 - \sqrt{3}$$
であるから，求める範囲は，$0 < A \leqq 2 - \sqrt{3}$

7． (1) 右辺－左辺を微分する方針でも示されますが，両辺のグラフを考えれば一目瞭然です．

解 (1) 曲線 $y = \sin x\ \left(0 \leqq x \leqq \dfrac{\pi}{2}\right)$ は上に凸であるから，この両端点を結ぶ線分は曲線の下側にある．

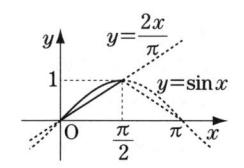

よって，$0 \leqq x \leqq \dfrac{\pi}{2}$ のとき，$\dfrac{2x}{\pi} \leqq \sin x$ が成り立つ．

(2) (1) より，$0 \leqq x \leqq \dfrac{\pi}{2}$ において，
$$e^{-\sin x} \leqq e^{-\frac{2x}{\pi}}$$
が成り立つから，
$$\int_0^{\frac{\pi}{2}} e^{-\sin x}\, dx \leqq \int_0^{\frac{\pi}{2}} e^{-\frac{2x}{\pi}}\, dx$$

また，同様に，$\frac{\pi}{2} \leq x \leq \pi$ において，

$$\frac{2}{\pi}(\pi-x) \leq \sin x \quad \therefore \quad e^{-\sin x} \leq e^{\frac{2}{\pi}(x-\pi)}$$

が成り立つから，

$$\int_{\frac{\pi}{2}}^{\pi} e^{-\sin x} dx \leq \int_{\frac{\pi}{2}}^{\pi} e^{\frac{2}{\pi}(x-\pi)} dx$$

これらより，

$$\int_0^\pi e^{-\sin x} dx = \int_0^{\frac{\pi}{2}} e^{-\sin x} dx + \int_{\frac{\pi}{2}}^{\pi} e^{-\sin x} dx$$

$$\leq \int_0^{\frac{\pi}{2}} e^{-\frac{2x}{\pi}} dx + \int_{\frac{\pi}{2}}^{\pi} e^{\frac{2}{\pi}(x-\pi)} dx$$

$$= \left[-\frac{\pi}{2} e^{-\frac{2x}{\pi}}\right]_0^{\frac{\pi}{2}} + \left[\frac{\pi}{2} e^{\frac{2}{\pi}(x-\pi)}\right]_{\frac{\pi}{2}}^{\pi} = \pi\left(1-\frac{1}{e}\right)$$

8.（1） 7.（1）と同様に曲線 $y = \sin x$ の凸性を利用します．
（2） もちろん（1）を利用します．

解（1） 曲線 $y = \sin x$ ($0 \leq x \leq \pi$) は下に凸な曲線であるから，

$0 \leq \alpha < \beta \leq \frac{\pi}{2}$ のとき，右図において，

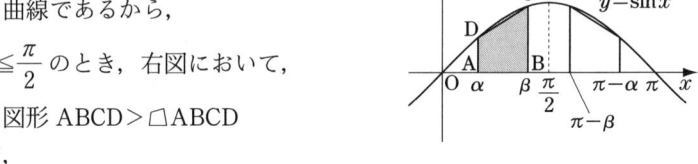

　　図形 ABCD $>$ □ABCD

よって，

$$\int_\alpha^\beta \sin x \, dx > \frac{1}{2}(\beta-\alpha)(\sin\alpha + \sin\beta)$$

$$= \frac{1}{2}(\beta-\alpha)\{\sin\alpha + \sin(\pi-\beta)\} \quad \cdots\cdots\text{①}$$

同様に，

$$\int_{\pi-\beta}^{\pi-\alpha} \sin x \, dx > \frac{1}{2}(\beta-\alpha)\{\sin(\pi-\alpha) + \sin(\pi-\beta)\}$$

$$= \frac{1}{2}(\beta-\alpha)\{\sin\alpha + \sin(\pi-\beta)\} \quad \cdots\cdots\text{②}$$

①＋②より，

$$\int_\alpha^\beta \sin x\,dx + \int_{\pi-\beta}^{\pi-\alpha}\sin x\,dx > (\beta-\alpha)\{\sin\alpha+\sin(\pi-\beta)\} \quad\cdots\cdots ③$$

（2）③で，$\alpha=\dfrac{j}{8}\pi$，$\beta=\dfrac{j+1}{8}\pi$（$j=0$，1，2，3）とおくと，

$$\int_{\frac{j}{8}\pi}^{\frac{j+1}{8}\pi}\sin x\,dx + \int_{\frac{7-j}{8}\pi}^{\frac{8-j}{8}\pi}\sin x\,dx > \dfrac{\pi}{8}\left(\sin\dfrac{j}{8}\pi + \sin\dfrac{7-j}{8}\pi\right)\cdots④$$

④で $j=0$，1，2，3 とした式を辺ごとに加えると，

$$\sum_{k=0}^{7}\int_{\frac{k}{8}\pi}^{\frac{k+1}{8}\pi}\sin x\,dx > \dfrac{\pi}{8}\sum_{k=0}^{7}\sin\dfrac{k}{8}\pi \quad\cdots\cdots⑤$$

ここで，

$$\sum_{k=0}^{7}\int_{\frac{k}{8}\pi}^{\frac{k+1}{8}\pi}\sin x\,dx = \int_0^\pi \sin x\,dx = \Big[-\cos x\Big]_0^\pi = 2$$

また，

$$\dfrac{\pi}{8}\sum_{k=0}^{7}\sin\dfrac{k}{8}\pi = \dfrac{\pi}{8}\sum_{k=1}^{7}\sin\dfrac{k}{8}\pi$$

よって，⑤より，

$$2 > \dfrac{\pi}{8}\sum_{k=1}^{7}\sin\dfrac{k}{8}\pi \qquad \therefore\ \sum_{k=1}^{7}\sin\dfrac{k}{8}\pi < \dfrac{16}{\pi}$$

9. $\dfrac{M(n,\ k)}{n^k}=\dfrac{1}{n}\sum_{i=1}^{n}\left(\dfrac{i}{n}\right)^k$ を長方形の面積の和と見るのは問題ないでしょう．それでは，$\dfrac{1}{k+1}$ は？

解
$$\dfrac{M(n,\ k)}{n^k}=\dfrac{1}{n^k}\cdot\dfrac{1}{n}\sum_{i=1}^{n}i^k=\dfrac{1}{n}\sum_{i=1}^{n}\left(\dfrac{i}{n}\right)^k$$

$$\int_0^1 x^k\,dx = \left[\dfrac{x^{k+1}}{k+1}\right]_0^1 = \dfrac{1}{k+1}$$

より，

$$\dfrac{M(n,\ k)}{n^k} - \dfrac{1}{k+1} = \dfrac{1}{n}\sum_{i=1}^{n}\left(\dfrac{i}{n}\right)^k - \int_0^1 x^k\,dx \quad\cdots\cdots ①$$

であること，および，k：自然数より，曲線 $y=x^k$（$0\leq x\leq 1$）が右上がりの線分または下に凸で増加な曲線であることに注意すると，①は右上図の網目部分の面積の和に等しく，さらに，斜線部分の面積の和に等しい．

よって，斜線部分の面積の和は長方形 ABCD の面積より小さいから，

$$\frac{M(n,\ k)}{n^k} - \frac{1}{k+1} \leq \frac{1}{n}$$

また，曲線の凹凸より，斜線部分の面積の和は境界の曲線を線分に直してできる三角形の面積の和以上，つまり，長方形 ABCD の面積の半分以上であるから，

$$\frac{1}{2n} \leq \frac{M(n,\ k)}{n^k} - \frac{1}{k+1}$$

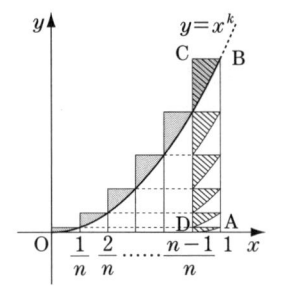

◎講義篇・参照例題
1. ☞例題2　2. ☞例題1　3. ☞例題1　4. ☞例題2
5. ☞例題1　6. ☞例題3　7. ☞例題4　8. ☞例題4, 6
9. ☞例題5

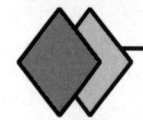

解答篇／第8章
見方を変える

1…C***　2…C***　3…A*　4…A**
5…B**　6…C***　7…B**　8…C***
9…C***　10…C***

1. 正攻法で行くとシグマ計算が必要になりますが，余事象を考えてみると……．

解　P_N は，$N-1$ 回目までに2度目の表が出て，その次の回に裏が出る確率である．

（1）P_4 は，表表表裏，表裏表裏，裏表表裏のいずれかの順に出る確率であるから，

$$P_4 = \left(\frac{1}{2}\right)^3 + 2\left(\frac{1}{2}\right)^4 = \frac{1}{4}$$

（2）☆ $N-1$ 回目までに2度目の表が出て，その次の回に表が出る確率を Q_N とすると，明らかに，

$$Q_N = P_N \quad \cdots\cdots\cdots\cdots\cdots\cdots\cdots\cdots①$$

また，$P_N + Q_N$ は $N-1$ 回目までに表が2回以上出る確率となるから，
$1-(P_N+Q_N)$ は $N-1$ 回目までに表が0または1回出る確率で，

$$1-(P_N+Q_N) = \left(\frac{1}{2}\right)^{N-1} + {}_{N-1}C_1 \cdot \frac{1}{2} \cdot \left(\frac{1}{2}\right)^{N-2} = \frac{N}{2^{N-1}} \quad \cdots\cdots②$$

①，②より，

$$P_N = \frac{1}{2} - \frac{N}{2^N}$$

⇨**注1．**「$N-1$ 回目までに2度目の表が出て，その次の回に表が出る」または「$N-1$ 回目までに表が0または1回出る」が余事象というわけです．

⇨**注2．** 正攻法で行くと，k 回目（$2 \leq k \leq N-1$）に2度目の表が出ると考えて，

$$P_N = \sum_{k=2}^{N-1} {}_{k-1}C_1 \cdot \frac{1}{2} \cdot \left(\frac{1}{2}\right)^{k-2} \cdot \frac{1}{2} \cdot \frac{1}{2} = \sum_{k=2}^{N-1} \frac{k-1}{2^{k+1}}$$

とすることになります．

2. 15人全員を区別し 14! 通りの円順列（または 15! 通りの順列）があって

これらは同様に確からしい，とするのが基本ですが，男女の配置だけが問題なので，男子同士，女子同士を区別しないで考えた方が簡単です．

解 3人の女子のうちの特定の1人をWとし，Wの位置を固定して考えてよい．

このとき，残りの12人の男子同士，2人の女子同士を区別せずに考えると，他の14席のうちのどの2席に女子が座るかは

$${}_{14}C_2 = 91 \text{ 通り} \quad \cdots\cdots\cdots ①$$

あり，これらは同様に確からしい．

（1） ①のうち女子3人が連続するのは，W以外の女子が右図①と②，②と③，③と④に座る3通りの場合であるから，求める確率は，

$$\frac{3}{91}$$

（2） ①のうち女子が全く連続しない座り方は，まず右図のようにWと12人の男子（Mで表す）を円形に並べ，矢印の11か所のうちの2か所を選んで残りの2人の女子を1人ずつ入れることで得られ，${}_{11}C_2 = 55$ 通りある．

よって，求める確率は，

$$1 - \frac{55}{91} = \frac{36}{91}$$

（3） 男子が連続して6人以上並ばないのは，男子が連続する3か所に，男子が
 1° 4人，4人，4人
 2° 3人，4人，5人
 3° 2人，5人，5人
のいずれかで入る場合である．

①のうち，このような座り方は，これらがWから時計回りに見てどんな順序で現れるかを考えて，

 1°：1通り， 2°：3! = 6通り， 3°：${}_3C_1 = 3$ 通り

あるから，求める確率は，

$$\frac{1+6+3}{91} = \frac{10}{91}$$

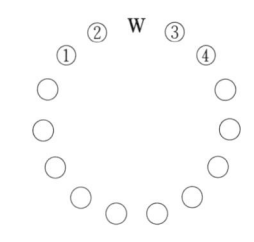

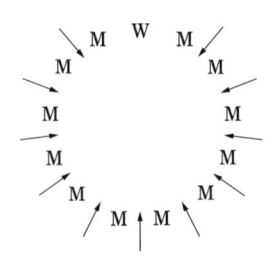

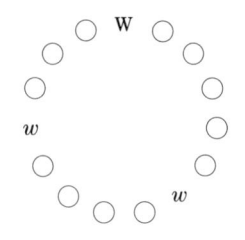

3. 意味を考えれば，積分を実行する必要はありません．

解 $l: y=mx+n$ とおくと，
$$x^2-(mx+n)=(x-t)^2$$
であるから，
$$S_1=\int_0^t(x-t)^2dx, \quad S_2=\int_t^a(x-t)^2dx$$

よって，S_1, S_2 はそれぞれ右図の網目部分の面積に等しいから，放物線 $y=(x-t)^2$ が直線 $x=t$ に関して対称であることにより，T$(t, 0)$，A$(a, 0)$ として，

$$S_1=S_2 \iff \text{T が OA の中点} \iff t=\frac{a}{2}$$

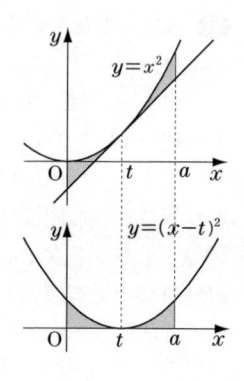

4. （2）今度は積分を立式する必要すらありません．

解 （1）$y=x^2$ のとき，$y'=2x$ であるから，点 (t, t^2) における C_1 の接線は，
$$y=2t(x-t)+t^2 \quad \therefore \quad y=2tx-t^2$$
これが，C_2 にも接して共通接線となる条件は，$(x-1)^2+2a=2tx-t^2$, つまり，
$$x^2-2(t+1)x+t^2+2a+1=0$$
が重解を持つことで，
$$(t+1)^2-(t^2+2a+1)=0 \quad \therefore \quad t=a$$
よって，求める共通接線は，$\boldsymbol{y=2ax-a^2}$

（2）C_2 は C_1 をベクトル $(1, 2a)$ だけ平行移動したものである．一方，L が（1）の接線に平行であることにより，L の傾きは $2a$ であるから，この平行移動によって，L は自分自身に移る．

よって，この平行移動によって，C_1 と L とで囲まれた図形は，C_2 と L とで囲まれた図形に移るから，これらの図形の面積は等しい．

5. 直線 $ax+by=k$ を動かして考える，$x=\cos\theta$, $y=\sin\theta$ とおき合成する，などの方法もありますが….

解 （1）$\vec{p}=(2, 3)$, $\vec{q}=(x, y)$ とおくと，
$$2x+3y=\vec{p}\cdot\vec{q}$$

いま，$x^2+y^2=1$ より $|\vec{p}|=\sqrt{13}$, $|\vec{q}|=1$ であり，$\vec{p}$ と $\vec{q}$ のなす角 θ は $0°≦\theta≦180°$ の任意の角を取り得る．

　ここで，一般に，$\vec{0}$ でない $\vec{p}$, $\vec{q}$ に対し，$|\vec{p}|$, $|\vec{q}|$ が一定で，$\vec{p}$ と $\vec{q}$ のなす角 θ が $0°≦\theta≦180°$ の任意の角を取り得るとき，$\vec{p}\cdot\vec{q}=|\vec{p}||\vec{q}|\cos\theta$ の最大値は $|\vec{p}||\vec{q}|$，最小値は $-|\vec{p}||\vec{q}|$ である．（※）

　よって，求める最大値は $\sqrt{13}$，最小値は $-\sqrt{13}$

（2）　$\vec{p}=(a, b)$, $\vec{q}=(x, y)$ とおくと，
$$ax+by=\vec{p}\cdot\vec{q}$$
　いま，$a^2+b^2=2$, $x^2+y^2=1$ より $|\vec{p}|=\sqrt{2}$, $|\vec{q}|=1$ であり，$\vec{p}$ と $\vec{q}$ のなす角 θ は $0°≦\theta≦180°$ の任意の角を取り得るから，（※）より，求める最大値は $\sqrt{2}$，最小値は $-\sqrt{2}$

（3）　$\vec{p}=(a, b)$, $\vec{q}=(x, y)$ とおくと，
$$ax+by=\vec{p}\cdot\vec{q}$$

　いま，a, b を固定して，x, y を動かすと，$x^2+y^2=1$ より $|\vec{q}|=1$ であり，$\vec{p}$ と $\vec{q}$ のなす角 θ は $0°≦\theta≦180°$ の任意の角を取り得るから，（※）より，$\vec{p}\cdot\vec{q}$ の最大値は $|\vec{p}|$，最小値は $-|\vec{p}|$

　さらに，a, b を動かすと，点 (a, b) が右図の円周上にあることにより，$|\vec{p}|$ の最大値は 5 であるから，求める最大値は 5，最小値は -5

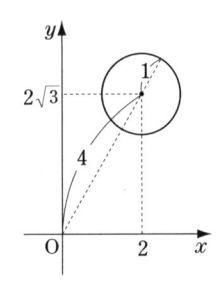

6．（2）　y の 2 次関数 $v(y)$ の問題と見るのが自然ですが，ac の符号による場合分けに加え，軸の位置による場合分けも現れてかなり面倒です．しかし，これを b の関数と見れば，……．

解　（1）　$u(x)=g(x)g\left(\dfrac{1}{x}\right)=(ax^2+bx+c)\left(\dfrac{a}{x^2}+\dfrac{b}{x}+c\right)$

$\qquad\qquad =ac\left(x^2+\dfrac{1}{x^2}\right)+(ab+bc)\left(x+\dfrac{1}{x}\right)+a^2+b^2+c^2$

$\qquad\qquad =ac(y^2-2)+b(a+c)y+a^2+b^2+c^2$ ……………①

であるから，示された．

（2）　$v(y)=b^2+y(a+c)b+y^2ac+a^2+c^2-2ac$

$\qquad\qquad =\left\{b+\dfrac{y(a+c)}{2}\right\}^2-\dfrac{y^2(a+c)^2}{4}+y^2ac+(a-c)^2$

$$= \left\{b+\frac{y(a+c)}{2}\right\}^2 - \frac{y^2}{4}(a-c)^2 + (a-c)^2$$

$$= \left\{b+\frac{y(a+c)}{2}\right\}^2 + \left(1-\frac{y^2}{4}\right)(a-c)^2$$

であるから，$-2≦y≦2$ のとき，$1-\frac{y^2}{4}≧0$ であることより，$v(y)≧0$ となり，題意は成り立つ．

➡**注** （2） たとえば，$y=2$ のときには，$y=x+\frac{1}{x}$ より $x=1$ と求まり，

$$v(2)=u(1)=g(1)g\left(\frac{1}{1}\right)=\{g(1)\}^2≧0$$

とわかりますが，このことを一般化して解決する方法もあります．

 $y=x+\frac{1}{x}$，つまり，$x^2-yx+1=0$ ……② を x の 2 次方程式と見て判別式を D とすると，$D=y^2-4$ である．

 よって，$y=β$（$-2≦β≦2$）のとき，$D≦0$ となり，②は共役な 2 虚数解または実数の重解を持つから，②の 1 つの解を $α$ とすると（いずれの場合にせよ）もう 1 つの解は $\bar{α}$ であり，解と係数の関係より，$α\bar{α}=1$ となる．

 したがって，$g(x)$ が実数係数の 2 次式であって，$\overline{g(α)}=g(\bar{α})$ が成り立つことにも注意すると，

$$v(β)=u(α)=g(α)g\left(\frac{1}{α}\right)=g(α)g(\bar{α})=g(α)\overline{g(α)}$$

となるから，$g(α)=p+qi$（p，q は実数）とおくと，

$$v(β)=(p+qi)(p-qi)=p^2+q^2≧0$$

となり，題意は成り立つ．

7. $\sin^2α+\sin^2β=\sin^2(α+β)$ を簡単な $α$ と $β$ の関係式に直すことが最大のポイントです．加法定理などを用いてゴリゴリ計算していけばそのうちなんとなりますが，この式がある定理に見えると……．

解 $γ=180°-(α+β)$ とおくと，

$$α+β+γ=180°,\ α>0°,\ β>0°,\ γ>0°\ \cdots\cdots ①$$

であるから，$α$，$β$，$γ$ を 3 つの内角の大きさとする 3 角形が存在する．そのような 3 角形の $α$，$β$，$γ$ の対辺の長さを a，b，c，外接円の半径を R とすると，正弦定理より，

$$\frac{a}{\sin\alpha}=\frac{b}{\sin\beta}=\frac{c}{\sin\gamma}=2R$$

$$\therefore \quad \sin\alpha=\frac{a}{2R}, \quad \sin\beta=\frac{b}{2R},$$

$$\sin(\alpha+\beta)=\sin\{180°-(\alpha+\beta)\}=\sin\gamma=\frac{c}{2R}$$

よって，$\sin^2\alpha+\sin^2\beta=\sin^2(\alpha+\beta)$ より，

$$\left(\frac{a}{2R}\right)^2+\left(\frac{b}{2R}\right)^2=\left(\frac{c}{2R}\right)^2$$

$$\therefore \quad a^2+b^2=c^2$$
$$\therefore \quad \gamma=90° \quad \therefore \quad \alpha+\beta=90° \quad \therefore \quad \beta=90°-\alpha$$

であるから，①より，$0°<\alpha<90°$ ……② で，

$$\sin\alpha+\sin\beta=\sin\alpha+\sin(90°-\alpha)=\sin\alpha+\cos\alpha=\sqrt{2}\sin(\alpha+45°)$$

したがって，②より，求める範囲は，

$$\mathbf{1<\sin\alpha+\sin\beta\leqq\sqrt{2}}$$

8. P を K 上で動かす（O のまわりに回転する）代わりに，P を固定して正方形 ABCD を O のまわりに回転しても，2 本の半直線が正方形 ABCD を通るための θ の条件は変わりません．

解 正方形 ABCD を Q とする．

P を固定し，Q を O のまわりに回転すると考えてよい．

まず，Q が，直線 AB 上に P があるような位置にある場合を考える．このときの A，B を A_0，B_0 とし，A_0B_0 の中点を M とすると，OP=2, OM=1 より，∠OPM=30° であるから，つねに 2 本の半直線が Q と共有点をもつためには，

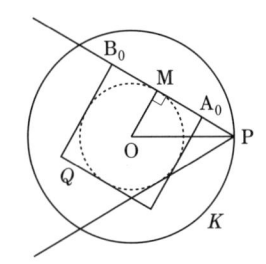

$$\theta\leqq30°$$

であることが必要である．

逆に，$\theta=30°$ のとき，Q を回転してもつねに 2 本の半直線は Q の内接円に接するから，Q と共有点を持つ．

以上より，求める θ の最大値は $\boldsymbol{\theta=30°}$

9. ベクトルの問題？　いいえ，1次関数の問題です．

解　四面体 ABCD の各面がすべて鋭角三角形 ……① であるから，点 Q を三角形 ABC の周上で動かすとき，Q から直線 AB に下した垂線の足 H は辺 AB 上にあって辺 AB 上の任意の点となりうる．

そこで，
$$\overrightarrow{AP}=s\overrightarrow{AB},\quad \overrightarrow{AH}=t\overrightarrow{AB}$$
$$(0\leq s\leq 1,\ 0\leq t\leq 1)$$

とおき，$\overrightarrow{AB}\cdot\overrightarrow{HQ}=0$ に注意すると，

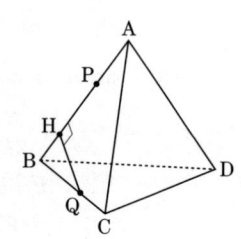

$$\overrightarrow{AP}\cdot\overrightarrow{DQ}=\overrightarrow{AP}\cdot(\overrightarrow{DA}+\overrightarrow{AH}+\overrightarrow{HQ})$$
$$=s\overrightarrow{AB}\cdot(\overrightarrow{DA}+t\overrightarrow{AB}+\overrightarrow{HQ})$$
$$=s\overrightarrow{AB}\cdot(\overrightarrow{DA}+t\overrightarrow{AB})$$
$$=s\overrightarrow{AB}\cdot\overrightarrow{DA}+st|\overrightarrow{AB}|^2$$

よって，s を固定して，t を動かすとき，$s|\overrightarrow{AB}|^2\geq 0$ より，$\overrightarrow{AP}\cdot\overrightarrow{DQ}$ は，

$t=1$ のとき最大値 $M=s\overrightarrow{AB}\cdot(\overrightarrow{DA}+\overrightarrow{AB})=s\overrightarrow{AB}\cdot\overrightarrow{DB}$

$t=0$ のとき最小値 $m=s\overrightarrow{AB}\cdot\overrightarrow{DA}$

をとる．

さらに，s を動かすとき，①より，$\overrightarrow{AB}\cdot\overrightarrow{DB}>0$，$\overrightarrow{AB}\cdot\overrightarrow{DA}<0$ であることに注意すると，

M は，$s=1$ のとき最大値 $\overrightarrow{AB}\cdot\overrightarrow{DB}$，

m は，$s=1$ のとき最小値 $\overrightarrow{AB}\cdot\overrightarrow{DA}$

をとる．

よって，
$$\overrightarrow{AB}\cdot\overrightarrow{DA}\leq\overrightarrow{AP}\cdot\overrightarrow{DQ}\leq\overrightarrow{AB}\cdot\overrightarrow{DB}$$

が成り立つ．

10. 与えられた等式を x で微分したくなるところですが，これでは収拾がつきません．問題文には a は定数と書いてありますが，任意なのですから，これを変数と見ることも可能です．そこで，……．

解　（1）
$$\int_x^{x+a}f(t)dt=x\log\frac{x+a}{x}+a\log(x+a)-a$$
$$=(x+a)\log(x+a)-x\log x-a$$

であるから，a で微分して，

$$f(x+a)=1\cdot\log(x+a)+(x+a)\cdot\frac{1}{x+a}-1=\log(x+a)$$

これが任意の正数 x, a について成り立つから, $f(x)=\log x$

（2） $\displaystyle\int_1^e \frac{f(t)}{t}dt = \int_1^e \frac{\log t}{t}dt = \int_1^e \log t(\log t)'dt = \left[\frac{1}{2}(\log t)^2\right]_1^e = \frac{1}{2}$

$\displaystyle\int_1^{\sqrt{e}} tf(t)\,dt = \int_1^{\sqrt{e}} t\log t\,dt = \left[\frac{t^2}{2}\log t - \frac{1}{4}t^2\right]_1^{\sqrt{e}} = \frac{1}{4}$

◎講義篇・参照例題
1. ☞例題1　　2. ☞例題2　　3. ☞例題3　　4. ☞例題3
5. ☞例題4　　6. ────　　7. ☞例題5　　8. ────
9. ☞例題6　　10. ☞例題6

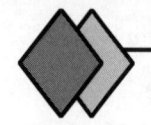

解答篇／第9章

何に着目するか

1…C*** 2…C*** 3…B*** 4…B**
5…C*** 6…C*** 7…C*** 8…D****
9…D****

1．（ii）は，$P(x)$ が $x=0$ において最小値 2 をとることを示します．

解 （ii）より，$P(x)$ が $x=0$ において最小値 2 をとるから，$P(x)$ が微分可能であることより，$P(0)$ は極小値であり，

$$P'(0)=0 \cdots\cdots ①, \quad P(0)=2 \cdots\cdots ②$$

いま，$P(x)$ が x^4 の係数＝1 の 4 次式であることより，$P'(x)$ は x^3 の係数＝4 の 3 次式であるから，①より，

$$P'(x)=4x(x^2+px+q) \quad\cdots\cdots\cdots\cdots\cdots③$$

とおけて，このとき，②と（ i ）より，$P(x)$ は x^2+px+q で割り切れて，p，q は実数であり，

$$P(x)=(x^2+px+q)(x^2+rx+s) \quad\cdots\cdots\cdots④$$
$$=x^4+(p+r)x^3+(q+pr+s)x^2+(ps+qr)x+qs \quad\cdots\cdots④'$$

とおける．

④′のとき，

$$P(0)=qs$$
$$P'(x)=4x^3+3(p+r)x^2+2(q+pr+s)x+ps+qr$$

であるから，②，③より，

$$qs=2 \cdots\cdots⑤, \quad 3(p+r)=4p \cdots\cdots⑥,$$
$$2(q+pr+s)=4q \cdots\cdots⑦, \quad ps+qr=0 \cdots\cdots⑧$$

⑥より，

$$p=3r \quad\cdots\cdots\cdots\cdots\cdots\cdots\cdots⑥'$$

であるから，⑧より，

$$r(3s+q)=0$$

ここで，$s=-\dfrac{q}{3}$ とすると，⑤より，$-\dfrac{q^2}{3}=2$ となるが，これは q が実数であることに反するから，$s \neq -\dfrac{q}{3}$ であり，

$$r=0 \quad \therefore \quad p=0$$

このとき，⑦より，$q=s$ となるから，⑤とあわせて，
$$q=s=\pm\sqrt{2}$$
よって，④より，$P(x)=(x^2\pm\sqrt{2})^2$ となるが，$P(x)=(x^2+\sqrt{2})^2$ は（ii）を満たし，$P(x)=(x^2-\sqrt{2})^2$ は（ii）を満たさないから，求める $P(x)$ は，
$$\boldsymbol{P(x)=(x^2+\sqrt{2})^2}$$

2. 3項だけの等差数列を扱うときには，
　　（ア）　$a, a+d, a+2d$ とおく　（イ）　$b-d, b, b+d$ とおく
　　（ウ）　$2b=a+c$ を用いる

という3つの方法がありますが，この問題の場合，最も他の条件を取り入れやすいのはどれかを考えると……．

解　（ii）より，
$$\frac{1}{\tan(\alpha+\beta)}=a \cdots\cdots\text{①},\quad \frac{1}{\tan\alpha}=a+d \cdots\cdots\text{②},\quad \frac{1}{\tan\beta}=a+2d \cdots\cdots\text{③}$$
とおける．

このとき，
$$\frac{1}{\tan(\alpha+\beta)}=\frac{1-\tan\alpha\tan\beta}{\tan\alpha+\tan\beta}=\frac{\dfrac{1}{\tan\alpha\tan\beta}-1}{\dfrac{1}{\tan\beta}+\dfrac{1}{\tan\alpha}}$$

より，
$$a=\frac{(a+d)(a+2d)-1}{(a+2d)+(a+d)} \qquad \therefore\quad a(2a+3d)=(a+d)(a+2d)-1$$
$$\therefore\quad a^2=2d^2-1 \cdots\cdots\cdots\cdots\cdots\cdots\cdots\cdots\cdots\cdots\text{④}$$

さて，$\dfrac{1}{\tan\alpha}, \dfrac{1}{\tan\beta}$ が整数であることと②，③より，$d=\dfrac{1}{\tan\beta}-\dfrac{1}{\tan\alpha}$ は整数であり，$a=\dfrac{1}{\tan\alpha}-d$ も整数であって，④より，a は奇数となる．

また，$\alpha>0, \beta>0, \alpha+\beta<\dfrac{\pi}{2}$ より，
$$0<\alpha<\alpha+\beta<\dfrac{\pi}{2} \qquad \therefore\quad 0<\tan\alpha<\tan(\alpha+\beta)$$
$$\therefore\quad \dfrac{1}{\tan\alpha}>\dfrac{1}{\tan(\alpha+\beta)} \qquad \therefore\quad a+d>a\ (\because\ \text{①，②}) \qquad \therefore\quad d>0$$

いま，（ⅰ）より，
$$0 < \frac{1}{\tan(\alpha+\beta)} \leq 10 \quad \therefore \quad 0 < a \leq 10$$
であるから，a が奇数であることと合わせ，
$$a = 1,\ 3,\ 5,\ 7,\ 9$$
よって，④と $d > 0$ より，
$$(a,\ d) = (1,\ 1),\ (3,\ \sqrt{5}\,),\ (5,\ \sqrt{13}\,),\ (7,\ 5),\ (9,\ \sqrt{41}\,)$$
となるが，d は整数であるから，
$$(a,\ d) = (1,\ 1),\ (7,\ 5)$$
$$\therefore \quad (\tan\boldsymbol{\alpha},\ \tan\boldsymbol{\beta}) = \left(\frac{1}{2},\ \frac{1}{3}\right),\ \left(\frac{1}{12},\ \frac{1}{17}\right) \quad (\because\ ②,\ ③)$$

3.（1） Q の座標や Q が D 上にあることは（ほとんど）関係ありません（これらは（2）で用います）．QP, Q'P の長さは ∠POQ で決まっているのです．

解（1） ∠POQ $= 2\theta$ とおくと，曲線 D およびこの上の点 Q が $0 \leq y < x$ にあること，P と P' は $x > 0$ の部分にあることにより，$0 < 2\theta < \dfrac{3}{4}\pi$ ……①
である．

このとき，QP, Q'P の中点を M, N とすると，QQ' が C の直径であることにより，
$$QP = 2PM = 2OP\sin\theta = 2a\sin\theta,$$
$$Q'P = 2PN = 2OP\cos\theta = 2a\cos\theta$$
であるから，QP・Q'P $= a^2$ より，
$$2a\sin\theta \cdot 2a\cos\theta = a^2 \quad \therefore \quad \sin 2\theta = \frac{1}{2}$$
よって，①より，
$$\angle\textbf{POQ} = 2\theta = \frac{\pi}{6}$$

（2）（1）と同様に，∠P'OQ $= \dfrac{\pi}{6}$ であるから，P, P' の座標は，
$$\left(a\cos\left(\varphi \pm \frac{\pi}{6}\right),\ a\sin\left(\varphi \pm \frac{\pi}{6}\right)\right) \text{（複号同順）である．}$$
よって，

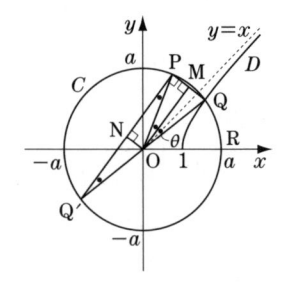

$$\frac{\text{PR}^2+\text{P}'\text{R}^2}{\text{OR}^2}=\frac{1}{a^2}\Big[\Big\{a-a\cos\Big(\varphi+\frac{\pi}{6}\Big)\Big\}^2+a^2\sin^2\Big(\varphi+\frac{\pi}{6}\Big)$$
$$+\Big\{a-a\cos\Big(\varphi-\frac{\pi}{6}\Big)\Big\}^2+a^2\sin^2\Big(\varphi-\frac{\pi}{6}\Big)\Big]$$
$$=4-2\Big\{\cos\Big(\varphi+\frac{\pi}{6}\Big)+\cos\Big(\varphi-\frac{\pi}{6}\Big)\Big\}$$
$$=4-4\cos\varphi\cos\frac{\pi}{6}=4-2\sqrt{3}\cos\varphi$$

いま,$Q(a\cos\varphi,\ a\sin\varphi)$ が D 上にあることにより,
$$\cos\varphi\geqq 0 \ \text{かつ}\ a^2\cos^2\varphi-a^2\sin^2\varphi=1$$
$\therefore\ \cos\varphi\geqq 0\ \text{かつ}\ a^2\cos^2\varphi-a^2(1-\cos^2\varphi)=1$

$\therefore\ \cos\varphi\geqq 0\ \text{かつ}\ \cos^2\varphi=\dfrac{1+a^2}{2a^2}$

$\therefore\ \cos\varphi=\sqrt{\dfrac{1+a^2}{2a^2}}\quad \therefore\ \lim\limits_{a\to\infty}\cos\varphi=\dfrac{1}{\sqrt{2}}$

であるから,
$$\lim_{a\to\infty}\frac{\text{PR}^2+\text{P}'\text{R}^2}{\text{OR}^2}=\boldsymbol{4-\sqrt{6}}$$

4.（2）（1）の途中の式に注目します.

解（1）　　$z^2=(a+bi)^2=a^2-b^2+2abi$

であるから,$z^2=s+i$ と $a,\ b,\ s$ が実数であることより,
$$a^2-b^2=s\ \cdots\cdots\text{①},\quad 2ab=1\ \cdots\cdots\text{②}$$

②より,$a\neq 0$ であり,$a=\dfrac{1}{2b}$ となるから,①に代入して,
$$\frac{1}{4b^2}-b^2=s\ \cdots\cdots\text{③}$$

$\therefore\ 4b^4+4sb^2-1=0$

$\therefore\ \boldsymbol{b^2=\dfrac{-s+\sqrt{s^2+1}}{2}}\quad (\because\ b^2\geqq 0)$

（2）　③と同様に,
$$\frac{1}{4d^2}-d^2=t\ \cdots\cdots\text{④}$$

が成り立つから,③－④より,
$$\frac{1}{4}\Big(\frac{1}{b^2}-\frac{1}{d^2}\Big)+(d^2-b^2)=s-t$$

$$\therefore \ (d^2-b^2)\left(\frac{1}{4b^2d^2}+1\right)=s-t$$

よって，$s<t$ のとき，
$$(d^2-b^2)\left(\frac{1}{4b^2d^2}+1\right)<0$$
$$\therefore \ b^2>d^2 \qquad \therefore \ |b|>|d|$$
が成り立つ．

5. けた数と 1 の位の数字では全く話が違います．前者は"およそ"で済みますが，後者は 分子÷分母 を計算するつもりでいかなければなりません．

解 $x=\dfrac{10^{210}}{10^{10}+3}$ とおく．

まず，$10^{10}<10^{10}+3<10^{11}$ より，$10^{199}<x<10^{200}$ であるから，x の整数部分は **200 桁** である．

次に，$n=10^{10}$ とおくと，
$$x=\frac{n^{21}}{n+3}=\frac{n^{21}+3^{21}}{n+3}-\frac{3^{21}}{n+3}=n^{20}-3n^{19}+3^2n^{18}-\cdots-3^{19}n+3^{20}-\frac{3^{21}}{n+3}$$
であるから，x の 1 の位の数字は，
$$3^{20}-\frac{3^{21}}{n+3}=\frac{10460353203}{3}-\frac{10460353203}{10000000003}=3486784401-1.04\cdots$$
の 1 の位の数字と一致し，**9** である．

6. 非存在証明なので背理法ということは間違いなさそうですが，つかみどころがない問題です．実は，右図のような単純なことがポイントなのですが……．

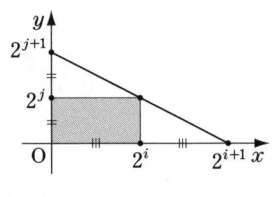

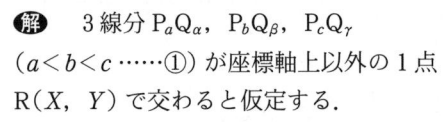

解 3 線分 P_aQ_α，P_bQ_β，P_cQ_γ
($a<b<c$ ……①) が座標軸上以外の 1 点 $R(X, Y)$ で交わると仮定する．

このとき，明らかに，
$$\gamma<\beta<\alpha \quad \cdots\cdots\cdots\cdots ②$$
であり，
$$0<X<2^a, \ 0<Y<2^\gamma \ \cdots\cdots ③$$
となる．

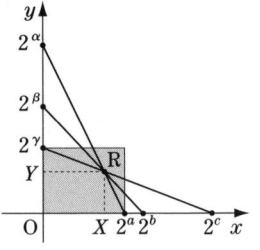

また，R が P$_b$Q$_\beta$: $\dfrac{x}{2^b}+\dfrac{y}{2^\beta}=1$ 上にあることより，

$$\dfrac{X}{2^b}+\dfrac{Y}{2^\beta}=1 \quad \cdots\cdots\cdots\cdots\cdots\cdots\cdots ④$$

さらに，①，②と a, b, γ, β が整数であることより，

$$a \leqq b-1, \quad \gamma \leqq \beta-1 \quad \cdots\cdots\cdots\cdots\cdots\cdots ⑤$$

よって，④，③，⑤より，

$$1=\dfrac{X}{2^b}+\dfrac{Y}{2^\beta}<\dfrac{2^a}{2^b}+\dfrac{2^\gamma}{2^\beta}\leqq\dfrac{2^{b-1}}{2^b}+\dfrac{2^{\beta-1}}{2^\beta}=1$$

となるが，これは不合理である．

よって，どの3線分も座標軸上以外では1点で交わらない．

7. （4）（2），（3）が利用できるのがわかりますか？

解 （1） $s=x+y$, $u=x-y$ より，

$$x=\dfrac{s+u}{2}, \quad y=\dfrac{s-u}{2} \quad \cdots\cdots\cdots\cdots\cdots\cdots ①$$

であるから，

$$f(x, y)=x^2+xy+y^2$$
$$=\left(\dfrac{s+u}{2}\right)^2+\dfrac{s+u}{2}\cdot\dfrac{s-u}{2}+\left(\dfrac{s-u}{2}\right)^2=\dfrac{3s^2+u^2}{4}$$

（2） ①より，

$$f(x, y)=f\left(\dfrac{s+u}{2}, \dfrac{s-u}{2}\right)$$

となるから，$f(x, y)$ は s と u の多項式である．

（3） $f(x, y)$ を x について整理し，

$$f(x, y)=a_0(y)+a_1(y)x+a_2(y)x^2+a_3(y)x^3+\cdots$$
$$(a_i(y) \text{ は } y \text{ の多項式})$$

とかくと，恒等的に $f(x, y)=f(-x, y)$，つまり，

$$a_0(y)+a_1(y)x+a_2(y)x^2+a_3(y)x^3+\cdots$$
$$=a_0(y)-a_1(y)x+a_2(y)x^2-a_3(y)x^3+\cdots$$

ならば，

$$a_1(y)=a_3(y)=a_5(y)=\cdots=0$$
$$\therefore \ f(x, y)=a_0(y)+a_2(y)x^2+a_4(y)x^4+\cdots$$
$$=a_0(y)+a_2(y)v+a_4(y)v^2+\cdots$$

となるから，$f(x, y)$ は v と y との多項式である．
（4）（2）より，$g(u, s)$ を u と s の多項式として，
$$f(x, y) = g(u, s)$$
とおける．このとき，恒等的に $f(x, y) = f(y, x)$ ならば，恒等的に $g(u, s) = g(-u, s)$ であるから，（3）より，$f(x, y) = g(u, s)$ は
$$u^2 = (x-y)^2 = s^2 - 4t$$
と s との多項式であり，s と t との多項式となる．

8.（3）（2）を用いることは見えるでしょう．ポイントになるのは，不等式で最大最小が議論できるのは，最後の辺が定数の不等式で，等号が成立する場合に限る，ということです．

解（1）$\dfrac{\vec{a}}{|\vec{a}|} = \vec{e},\ \dfrac{\vec{b}}{|\vec{b}|} = \vec{f},\ \dfrac{\vec{c}}{|\vec{c}|} = \vec{g}$ とおくと，
$$|\vec{e}| = |\vec{f}| = |\vec{g}| = 1 \quad \cdots\cdots ①$$
であり，与えられた等式より，
$$\vec{e} + \vec{f} + \vec{g} = \vec{0} \quad \therefore\quad \vec{g} = -(\vec{e} + \vec{f})$$
$$\therefore\quad |\vec{g}|^2 = |-(\vec{e} + \vec{f})|^2$$
$$\therefore\quad |\vec{g}|^2 = |\vec{e}|^2 + 2\vec{e}\cdot\vec{f} + |\vec{f}|^2$$
①を代入し，
$$1 = 1 + 2\vec{e}\cdot\vec{f} + 1 \quad \therefore\quad \vec{e}\cdot\vec{f} = -\dfrac{1}{2}$$
よって，$\vec{a}$ と $\vec{b}$ のなす角を θ とすると，
$$\cos\theta = \dfrac{\vec{a}\cdot\vec{b}}{|\vec{a}||\vec{b}|} = \vec{e}\cdot\vec{f} = -\dfrac{1}{2} \quad \therefore\quad \theta = 120°$$
$\vec{b}$ と $\vec{c}$，$\vec{c}$ と $\vec{a}$ のなす角についても同様であるから，三つのベクトルの互いになす角は，**すべて $120°$** である．
（2）$\vec{a} \neq \vec{0}$ より，$|\vec{a}| > 0$ であるから，
$$|\vec{a} - \vec{x}| \geqq |\vec{a}| - \vec{x}\cdot\dfrac{\vec{a}}{|\vec{a}|} \quad \cdots\cdots ②$$
$$\iff |\vec{a} - \vec{x}||\vec{a}| \geqq |\vec{a}|^2 - \vec{x}\cdot\vec{a}$$
$\vec{x} = \vec{a}$ のとき，②の両辺はともに 0 で，②は成立．
$\vec{x} \neq \vec{a}$ のとき，$\vec{a} - \vec{x}$ と $\vec{a}$ のなす角を φ とすると，

$$|\vec{a}-\vec{x}||\vec{a}| \geq |\vec{a}-\vec{x}||\vec{a}|\cos\varphi = (\vec{a}-\vec{x})\cdot\vec{a} = |\vec{a}|^2 - \vec{x}\cdot\vec{a}$$

となるから，②は成り立つ．

　また，この経過より，②の等号は，$\vec{x}=\vec{a}$ または $\vec{a}-\vec{x}$ と $\vec{a}$ が同じ向きのときに成り立つ．……………………………………………③

（3）　△ABC の内部の任意の定点 O を始点とする各点の位置ベクトルを $\vec{a}$, $\vec{b}$, …… と書くと，（2）より，

$$|\overrightarrow{XA}| = |\vec{a}-\vec{x}| \geq |\vec{a}| - \vec{x}\cdot\vec{e} \quad\cdots\cdots ④$$
$$|\overrightarrow{XB}| = |\vec{b}-\vec{x}| \geq |\vec{b}| - \vec{x}\cdot\vec{f} \quad\cdots\cdots ⑤$$
$$|\overrightarrow{XC}| = |\vec{c}-\vec{x}| \geq |\vec{c}| - \vec{x}\cdot\vec{g} \quad\cdots\cdots ⑥$$

④＋⑤＋⑥より，

$$|\overrightarrow{XA}|+|\overrightarrow{XB}|+|\overrightarrow{XC}| \geq |\vec{a}|+|\vec{b}|+|\vec{c}| - \vec{x}\cdot(\vec{e}+\vec{f}+\vec{g}) \quad\cdots\cdots ⑦$$

いま，O を $\vec{e}+\vec{f}+\vec{g}=\vec{0}$ となるようにとる．
このとき，（1）より，

$$\angle AOB = \angle BOC = \angle COA = 120°$$

であるが，△ABC のすべての内角が 120°未満であることにより，このような点 O はただ 1 つ存在する．……………………………※

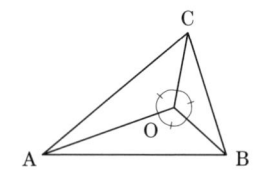

この O に対し，⑦より，

$$|\overrightarrow{XA}|+|\overrightarrow{XB}|+|\overrightarrow{XC}| \geq |\vec{a}|+|\vec{b}|+|\vec{c}|$$

この不等式の等号成立条件は，④，⑤，⑥の等号がすべて成り立つことであり，それは，③より，$\vec{a}-\vec{x}$ と $\vec{a}$，$\vec{b}-\vec{x}$ と $\vec{b}$，$\vec{c}-\vec{x}$ と $\vec{c}$ の 3 組が，いずれも同じ向き（$\vec{0}$ の場合も含む）であること，つまり，X が 3 つの半直線 AO，BO，CO の共有点となることであるが，これが成り立つのは，X＝O のときに限る．

よって，求める点は，**∠AOB＝∠BOC＝∠COA＝120°となる△ABC の内部の点 O** である．

　⇨注　（1）　$\overrightarrow{LM}=\vec{e}$, $\overrightarrow{MN}=\vec{f}$ となる点 L，M，N をとると，$\overrightarrow{NL}=\vec{g}$ となり，△LMN が（一辺の長さが 1 の）正三角形をなすことを用いることもできます．

（3）　※は明らかとしてよいのでしょう．

　なお，この O はフェルマー点と呼ばれます．

9.（1） すごくアタリマエのことを証明せよといっているように感じる人が多いでしょう．でも，そうだからこそ，直感に頼った議論は禁物．とくに，鋭角または直角三角形であることが反映されていない答案は論外でしょう．背理法というアイデアが浮かべば一歩前進．外接円の半径が問題になっているので正弦定理，と考えられればもう一歩前進です．

解　（1）　D が $\triangle ABC$ の2頂点を通ることは明らかであるから，その2頂点を A，B とする．

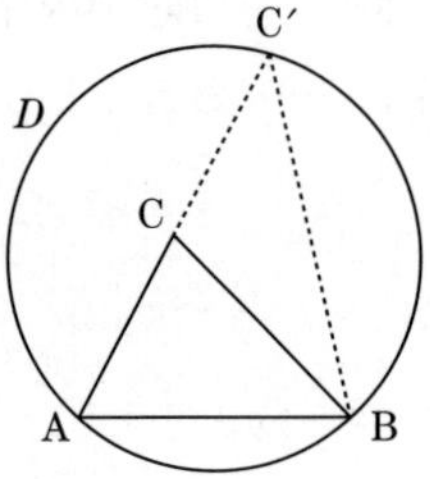

このとき，D が $\triangle ABC$ の外接円と異なると仮定すると，C は D の内部にあるから，直線 AC と D との A 以外の交点を C′ とすると，$\angle C'+\angle CBC'=\angle C$ であることと $\triangle ABC$ が鋭角または直角三角形であることより，

$$0°<\angle C'<\angle C\leq 90° \quad\therefore\quad 0<\sin\angle C'<\sin\angle C \quad\cdots\cdots①$$

一方，D の半径を r，$\triangle ABC$ の外接円の半径を R とすると，正弦定理より，

$$\frac{AB}{\sin\angle C'}=2r,\quad \frac{AB}{\sin\angle C}=2R \quad\cdots\cdots②$$

①，②より，$r>R$ となるが，これは A，B，C を内部または周上に含む半径最小の円が D であることに反する．

よって，D は $\triangle ABC$ の外接円である．

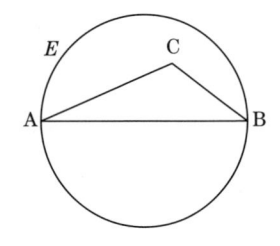

（2）　$\triangle ABC$ が鈍角三角形のとき，$\triangle ABC$ の最長辺を AB とし，AB を直径とする円を E とすると，点 C は円 E の内部にあり，A，B を内部または周上に含む円で E より半径の小さいものは存在しない．

よって，$D=E$ であり，D は $\triangle ABC$ の外接円と異なる．

このことと（1）より，$\triangle ABC$ が鈍角三角形となるような点 C の存在範囲を求めればよく，$\triangle ABC$ のどの内角が鈍角であるかで場合分けをして考えると，その範囲は右図の網目部分（破線上の点と○の点は含まず，実線の境界は含む）となる．

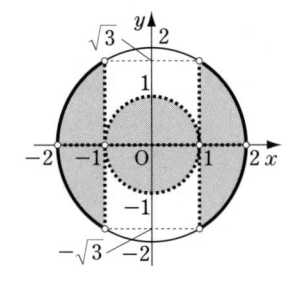

別解 （1） D が △ABC の外接円 F と異なると仮定する．

このとき，D の中心を P，半径を r とし，F の中心を O，半径を R とすると，明らかに P≠O である．

ここで，P を中心とする半径 R の円を D' とすると，$r<R$ より，3 点 A，B，C は D' の内部にあり，さらに F の周上にもある．

よって，D' と F が OP の垂直二等分線に関して対称であることに注意すると，3 点 A，B，C は F の半円周より短い円弧（右図の太線部）上にあることになるが，これは △ABC が鈍角三角形であることを示し，鋭角または直角三角形であることに反する．

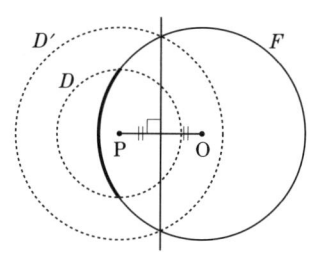

したがって，D は △ABC の外接円である．

◎講義篇・参照例題
1. ───── 2. ───── 3. ───── 4. ─────
5. ───── 6. ☞例題 4 7. ───── 8. ─────
9. ☞例題 5

雲　幸一郎（くも・こういちろう）
1963年　滋賀県生まれ．
東京大学理学部数学科卒．
現　在　駿台予備学校数学科講師．
　　　　月刊『大学への数学』（東京出版）執筆者．

森　茂樹（もり・しげき）
1958年　石川県生まれ．
東京大学大学院理学系研究科物理学専門課程博士課程修了．
現　在　駿台予備学校数学科講師．理学博士．
　　　　月刊『大学への数学』（東京出版）執筆者．

大学への数学　　解法の突破口［第3版］　　定価はカバーに表示してあります．

　　　　　　2003年 7月25日　　初　 版　第1刷発行
　　　　　　2006年 8月 5日　　改訂版　第1刷発行
　　　　　　2015年 7月25日　　第 3 版　第1刷発行
　　　　　　2019年 6月25日　　第 3 版　第3刷発行

　　　　　著　者　雲　幸一郎・森　茂樹
　　　　　発行者　黒木美左雄
　　　　　発行所　株式会社　東京出版
　　　　　　　　〒150-0012　東京都渋谷区広尾 3-12-7
　　　　　　　　電話 03-3407-3387　振替 00160-7-5286
　　　　　　　　http://www.tokyo-s.jp/

　　　　　整版所　錦美堂整版株式会社
　　　　　印刷所　光陽メディア株式会社
　　　　　製本所　株式会社技秀堂
　　　　　　　　落丁・乱丁本がございましたら，送料小社負担にてお取り替えいたします．

ⓒKoichiro Kumo, Shigeki Mori 2015　　　　Printed in Japan
ISBN 978-4-88742-216-2